動物園から未来を変える

ニューヨーク・ブロンクス動物園の展示デザイン

もくじ

案内人紹介

川端裕人

Hiroto Kawabata

1964年生まれ。ふだんは小説書き。ニューヨークのコロンビア大学ジャーナリズムスクールに籍を置いていた1997年から98年にかけて、アメリカの動物園を取材してノンフィクション『動物園にできること』を書いた。日本の動物園関係者との交流が深まり、いまやFacebookの「友達」の3分の1を占める。しかし、動物園についてまとまった文章を公開するのは久しぶり。ブロンクス動物園について書くのは20年ぶり。ワクワクが止まらない。同時に、動物園についてモヤモヤも止まらない。

本田公夫

Kimio Honda

1958年生まれ。子どもの頃から大の動物園好き。絵画やグラフィックデザイン、写真にも強い興味を持ち、イラストも描いている。現在、ニューヨークの野生生物保全協会(WCS: Wildlife Conservation Society)展示グラフィックアーツ部門スタジオマネジャー。日本では「アメリカの動物園に勤めている」現役の動物園人として唯一無二の存在感を放つ。自らの仕事を一般書で大いに語るのはこれがはじめて。日本の若手動物園関係者には「何かよくわからないけれどすごい人」と思われてきたフシがあるが、本書でその「全貌」が明らかになる予定。

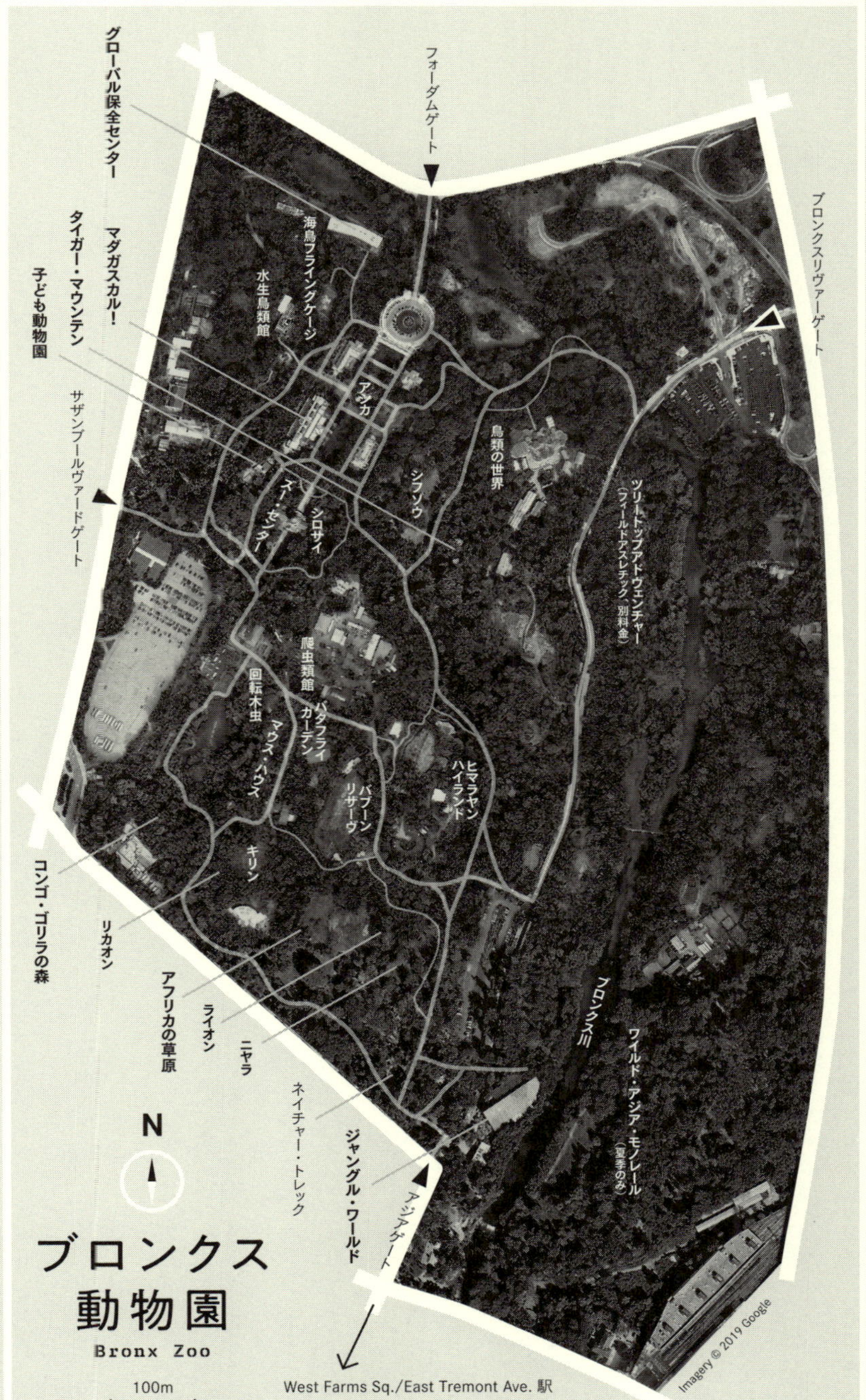

フォーダムゲート
グローバル保全センター
ブロンクスリヴァーゲート
海鳥フライングケージ
水生鳥類館
マダガスカル！
タイガー・マウンテン
子ども動物園
アジア
ラクダ
サザンブールヴァードゲート
鳥類の世界
シフゾウ
シロサイ
ズー・センター
ツリートップアドヴェンチャー
（フィールドアスレチック・別料金）
爬虫類館
回転木虫
バタフライガーデン
マウス・ハウス
ヒマラヤンハイランド
バブーンリサーヴ
キリン
コンゴ・ゴリラの森
リカオン
アフリカの草原
ライオン
ニヤラ
ネイチャー・トレック
ジャングル・ワールド
アジアゲート
ブロンクス川
ワイルド・アジア・モノレール
（夏季のみ）
N
ブロンクス
動物園
Bronx Zoo
100m
West Farms Sq./East Tremont Ave. 駅
Imagery © 2019 Google

本文中の写真について、特に表記のないものは川端裕人、
㊍マークのあるものは本田公夫による撮影です。

序章
20年後のブロンクスから

本書は、アメリカ・ニューヨーク市にあるブロンクス動物園（正確にはWCS: Wildlife Conservation Society 野生生物保全協会）で、展示グラフィックアーツ部門の第一線に立つ本田公夫さんと、聴き手であり書き手の川端裕人によるコラボレーションだ。

ブロンクス動物園は1899年の開園以来、動物園の世界で最先端をひた走り、従来の動物園の概念を変える世界的な変革のリーダーの役割を担った。動物園が単に「市民の憩いの場」であるだけでなく、種の保存や野生生物の生息地の保全にもかかわるものだと、最近、日本でもだんだん知られるようになってきたけれど、その流れを創り出した動物園のひとつである。高く掲げた理念にふさわしい研ぎ澄まされた展示を作ることでも知られ、本田さんはその現場で20年近く働いている。

運営母体のWCSは、ブロンクス動物園だけでなく、ニューヨーク水族館を持っており、さらにニューヨーク市公園局からセントラルパークとクイーンズ、そしてブルックリンの小さな動物園も委託を受けて運営している。これだけの動物園水族館に同時にかかわっている本田さんの仕事についてぼくは以前から興味津々で、話を聞いてまとめたいと願ってきた。

構想の段階でも、一風変わった「動物園本」になることは間違いないと思えた。動物園について書かれたものというと、読者はまず「飼育員や獣医の活躍」を期待するのではないだろうか。動物園の仕事とは「動物を飼育すること」というのが素直な連想だろうから、当然のことだ。

でも、よくよく考えてみたら、野生生物を「飼育する」だけでは動物園とは呼ばない。たとえば、大学の霊長類研究所などでは様々な種類のサルや類人猿を飼育していて、大きなところでは専属の飼育員や獣医もいる。しかし、「動物園」ではない。最大の違いは、一般の人に見せるか、見せないか、という点にある。つまり、最低限、「飼育して」「見せる」というふたつの要素が合わさってこその「動物園」だ。

本田さんの専門分野は展示部門なので、おのずと力点が「見せる」方にかかる。

もうすこし具体的に言うなら、本田さんが主にかかわってきたのは「解説展示」だ。日本の動物園では、あまり重きを置かれていない分野だからピンと来ないかもしれない。誰もが知っている具体例を挙げれば、種名や生息域を示すサインもその一部だ。

ただし、そこから想像されるよりもはるかに上、はるかに広い領域を担っている。ひと言で言うなら、展示意図に応じた体験を来園者にしてもらうためのすべてが責任範囲だ。展示ができる前のコンセプトの段階からしばしば議論をリードする立場でかかわり、展示全体の空間構成（景観や建物を含む）を決める段階にも関与していく。その上で、動物がいる空間と来園者が通る空間の一体感を保ちつつ、展示コンセプトに応じて開発したコンテンツを、サインや立体物や映像、音響などあらゆるものを使って展開していく。動物の解説サインも、そのひとつだ。単に、種名を書いて張り出すのではなく、全体に溶け込んで、なおかつ、展示意図にそぐったデザインのものでなければならない……などなど。

というふうに、いきなり説明しても、それが実際どういう仕事なのかはやはり想像しにくいまだろう。本書では、このような「見せる」ことを突き詰めた動物園の仕事を詳しく追うことで、ぼくたちにとって「新しい景色」を浮かび上がらせる。それだけでも「風変わり」で、目から鱗が落ちるような体験になるはずだ。

加えて、本田さんが、日本の動物園と北米、欧州の動物園を股にかける立場から見ている「景色」も、本書の大きな要素だ。これまで、本田さんは、時と場合に応じて「日本と世界」の間を取り持つ役割を引き受けてきた。つまり、それぞれのいいところや悪いところ、おたがいに持ちがちな誤解などを直接感じる立場にある。異文化を往来しつつ深く考察した議論は、やはり示唆に富む。本田さんだからこそ言えることも多く、その点でも「風変わり」だ。

以上のようなわけで、本田さんと対話していると、自然と、異なった専門、異なった文化から、様々な角度で動物園に光をあてることになる。そして、「そもそも動物園ってなんだろう」「動物園は動物たちに何ができるだろう」「動物園は現代社会の問題をいかにあぶり出し、未来を変えていくことができるのか」といった根源的な問いについて考えざるを得なくなる。それが、そのまま本書の射程だと言ってよい。

ロードマップを最初に提示しておく。

イントロダクションとして、第1章では、現代の動物園が置かれている状況を素描する。本田さんの視点だからアメリカのことが中心だが、日本の動物園も同じ状況の中にある。ただ、情報の伝わり方が若干遅いだけだと理解してほしい。

その上で、第2章では、ブロンクス動物園の旗艦的な展示として「コンゴ・ゴリラの森」を本田さんと一緒に歩く。これは1999年にオープンしたもので、20世紀の動物園展示の到達点とも言われている。本田さんは、展示づくりに関与していないが、その後の世界の動物園に新しい基準を与えたという意味できわめて重要なものだ。

第3章では、東京での幼少時代から動物園ファンだった本田さんが、いかに今の場所にたどり着いたのか聞きつつ（それ自体、動物園をめぐる現代史の1ピースだ）、本田さんが属する「展示グラフィックアーツ部門（EGAD《イーガッド》）」に「入門」する。トラの展示「タイガーマウンテン」（2003年）、「アフリカの草原」の一角にある「リカオン」（2012年）、セントラルパーク動物園の「ユキヒョウ」（2009年）など魅力的な「作品」を例にして解説してもらった。みんなが共有できる「ビッグ・アイデア」を掲げて、映画でいえば脚本家に相当する「展示デベロッパー」がそれに基づいた構成を考えた上で、どんなふうに展示を作っていくのか、まとめるのがとても楽しかった章だ。

さらに、第4章では本田さんのかかわりが大きかった大規模複合展示「マダガスカル！」（2008年）の成り立ちを詳しく見る。ぼくが衝撃を受けたのは、まず「事前評価」をすることで伝えるべきメッセージを絞り込み、それを伝えるための仕掛けを製作しつつ意図の通りに機能するか何度も「中間評価」を繰り返し行いクオリティを高め、さらには展示が出来た後にも「結果評価」で目的が達成されたか問う姿勢だった。この章も、驚きに満ちたものになるだろう。

動物園で、動物を「飼育して、見せる」ためこれだけの労力をかけているわけで、ある意味、「究極」を見たと感じる人もいるかもしれない。しかし、本田さんによればまだまだ達成できない課題があるという。

たとえば、野生生物を守るために、来園者の意識だけではなく、行動を変えてもらいたいとしたら、どうすればいいのだろうか。第5章では、こういった未だ解決できない大きな問いに挑む。具体的に話題になるのは、1980年代のブロンクス動物園の代表作で今も現役の「ジャングルワールド」（1985年）、さらに21世紀になって本田さんも大いにかかわった「子ども動物園」（2012年改修）やニューヨーク水族館の「海の驚異　サメ！」（2018年にオープンしたばかり）などだ。これらを見つつ、たとえば近年、様々な分野で活用されている「ソーシャル・マーケティング」の手法や、発展しつつある保全心理学の知見などを応用できるかも検討する。

本田さんの個人史に寄り添いながら、本書はそんな最先端の議論まで突っ走る。お楽しみいただけたら幸いだ。そして、問題意識を共有してほしい。終章として、ぼくたちが日本において参考にするためのヒントとなる対話を収録したので、ぜひご意見をいただければと思う。

なお、一連の対話の聴き手がぼくであることには、それなりの意義があると自負している。

EGADのオフィスの本田さん

ぼくは、１９９７年から98年にかけて、ニューヨーク市に滞在し、ブロンクス動物園を「拠点」にしつつ、全米の動物園をまわる取材をした。その成果は、『動物園にできること――「種の方舟」のゆくえ』*（文藝春秋）として99年に書籍になった。熱心な読者にめぐまれて、途中、何度か絶版になりつつも、現在は「第3版」がオンデマンドの書籍と電子書籍（ともにＢＣＣＫＳ）として読み継がれている。

本田さんは、２０００年に現職に就いたから、ぼくが取材した20世紀のブロンクス動物園の「その先」の現場にいる。

つまり、ブロンクス動物園という場において、ぼくと本田さんはつながっている。もちろん、そこに勤務してプロの仕事をしている本田さんと、取材しただけのぼくでは、まったく経験の質も量も違うのだが、それでも、ちょっと運命めいたつながりを感じざるをえない。ブロンクス動物園の歴史など前提条件として共有している部分が多いため、対話では最初から核心部分に切り込むことができたと思う。この「ブロンクス動物園の縁」を足がかりに、うまくお話を引き出せていたらよい。

何はともあれ、本田さん自身が、ブロンクスで最先端を走り続けている様や、そこで見ている夢を楽しんでほしい。それらを通じて、読者は動物園というありふれた存在が、実はぼくたちの未来に大きな役割を果たしうると確信するかもしれない。あるいは、やはりこれは見果てぬ夢だと判断するかもしれない。どちらにしても、読者の目に、動物園はこれまでとは違った面を見せ始める。

娯楽の場かもしれないが、単にそれでは収まらない何か。素晴らしいのか、悩ましいのかよく

[*]『動物園にできること――「種の方舟」のゆくえ』
１９９７－９８年にかけて取材、99年に単行本として出版し、大宅壮一ノンフィクション賞の候補にもなった。40代以上の動物園関係者は読んでくださった人が多いものの、今の若者にはあまり読まれていないかもしれない。現在、２０１７年時点での註釈がついた第3版を電子書籍、オンデマンドの紙の書籍の両方で提供中（https://bccks.jp/bcck/149418/info）。川

わからない何か。それでも、多くの人が思いを重ねる何か。

現時点では、曖昧な言い方だが、その曖昧なものにある程度目鼻をつけて、語ることができるようになればかなりのところ成功である。

では、ぼくと一緒に、本田さんが待つ、ニューヨークのブロンクス動物園へ！

日本の動物園と比べると広大な100ヘクタールの敷地（上野動物園の7倍、多摩動物公園の2倍くらいの規模）を持ち、カエデやオークの木々からなる森の中にあると言っても過言ではない緑豊かな「動物の園」を訪ねよう。

第1章

21世紀の動物園を考えるために知っておくべきこと

市民の憩いの場から

真夏のニューヨークには、しばしば熱波がやってきてとんでもなく暑くなる。冷房が効いていない地下鉄に乗っていると、ファンタジー小説に出てくる火竜の体内にいるのではないかと思うほどだ。

しかし、そんな時でも、地下鉄の区間をなんとかがまんしてブロンクス動物園までたどり着けば、ほっとひと息つくことができる。

ブロンクス公園というニューヨーク市最大級の緑地の中にあって木立が多いため、ぼくの感覚ではマンハッタンよりも常に気温が何度か低い。園内を散策するのもだいたい木陰を通って移動できる。日本の動物園の基準でいえばとても大きな敷地なのだが、歩くだけで疲労困憊ということにはならない。

それゆえ、市民にとっては憩いの場だ。いつ訪ねても、ベビーカーを押す家族連れや、近隣地域の学校の遠足で来ていて元気いっぱいに駆けまわる子どもたちや、のんびり歩くシニア世代らの姿をたくさん見ることができる。

同業者の評価も高い。1899年の開園から120年近く、北米で指導的な地位にあり続けており、世界の動物園を牽引してきたとすら言える。日本の動物園関係者もニューヨークに来ると、必ずと言っていいほど「ブロンクス詣で」をするほどだ。なぜそれほど尊敬されるのかは後で触れるとして、ここでは、来園者に提供する体験という面でも、一般市民からはあまり見えない専門的な部分でも、高水準な動物園なのだとだけ、まずは述べておく。

そんなブロンクス動物園の敷地の中で、ぼくが訪ねたのは、来園者エリアからすこしだけ奥まったところにある「グローバル保全センター」だ。この建物には、その名の通り「保全」にかかわるスタッフに加えて、本田さんが所属する展示グラフィックアーツ部門（EGAD）のオフィスがある。

その日、ぼくたちは建物の前にある小さなテラスのテーブルを挟み、差し向かいになって座っていた。長時間、かなり真剣に話し続けたのだが、それでも、疲れることなく、快適でいられたのは、やはり周囲の環境のおかげだと思う。

巨大な緑地の中だけあって、しばしば、飼育されているわけではない「本物の」野生動物が顔を出しては、場をなごませてくれるのである。

たとえば――

ニアーッ、ニアーッとネコを思わせる不思議な鳴き声の鳥が、テーブルまで飛んできてはすぐに飛び去る動きを繰り返していた。その鳥がやってくるたびに、ぼくたちは視線で追った。

「あの個体は、最近、よく見ますね。グレイキャットバード、渡り鳥です」

本田さんが指差して言った。

キャットバードは、マネシツグミの近縁で、日本語ではネコマネドリという。数ヶ月後にはニューヨークを飛び立ち、冬の居所である西インド諸島へと向かうはずの野鳥だが、今ここでは、飼い猫のような鳴き声ですりよってくる愛くるしい存在だ。

また、遠巻きにこちらをうかがう野生生物の姿もほの見える。木々の枝々の隙間から顔を出すトウブハイイロリスや、地面をちょこまかと走るトウブシマリスなどだ。トウブハイイロリスは「灰色」と名前についているのに、時々、体が黒い個体がいるのが面白い。

視界の端に彼らの姿を認めながらも、議論は次第に深まっていく。そんな時間だった。

｜上｜平日のブロンクス動物園は近隣の小学校の子どもたちがたくさんやってくる
｜中｜本田さんのオフィスがある「グローバル保全センター」の入り口
｜下｜オフィスの前の小さなテラスがあり、快適

「動物学の園」として始まる

「僕が勤めているのはブロンクス動物園だとよく思われるんですが、正式には〝野生生物保全協会（WCS: Wildlife Conservation Society）〟で、ブロンクス動物園はそこが運営している動物園です」

まず本田さんはこんなふうに語り起こした。

ＷＣＳ、野生動物保全協会という動物園らしからぬ名前なのだが、間違いなく動物園である。ブロンクス動物園の他にも、前述の通り、コーニーアイランド[01]のニューヨーク水族館[02]を持ち、さらにニューヨーク市公園局からセントラルパーク、クイーンズ、ブルックリン（プロスペクトパーク）の小さな動物園の運営委託を受けている。だから、ニューヨーク市内で、４つの動物園と１つの水族館、５施設を運営しているのがＷＣＳだ。本田さんは５施設すべての展示にかかわる立場にある。

「野生生物保全協会という名前についてはともかく、歴史的な話をしますと、この協会はブロンクス動物園を作るために１８９５年にニューヨーク動物学協会という名前で設立されました。動物園を作る時に、まずその運営母体として Zoological Society、動物学協会を作るのは欧米ではよくあることです。これは日本では馴染みがないかもしれませんね」

Zoological Society は、日本語に直訳すると「動物学協会」、あるいは「動物学会」だ。日本語で「動物学会」というと、動物学者が集う学術団体であり、実際、「日本動物学会」の英名は Zoological Society of Japan だ。でも、動物園の運営はしていない。とにかく Zoological Society は、学術的な背景を強く示唆する言葉で、欧米ではそういう団体が動物園の母体になることが多かった。

01 コーニーアイランド
マンハッタンから地下鉄で1時間ほど、ブルックリン区南端の半島エリア。ビーチがあり夏は海水浴客で賑わう。ルー・リードの「コニー・アイランド・ベイビー」や松田聖子の「雨のコニー・アイランド」で知っている人もいるかも。(川)

02 ニューヨーク水族館
1896年にマンハッタン南端のバッテリーパークにオープン、継続的に運営されている水族館としては全米最古。1902年よりニューヨーク動物学協会が運営、57年に現在の場所に新規開館。2012年のハリケーン・サンディの被害を受け、改修が続いている。(本)

たとえば、ロンドン動物学協会を母体にした動物園が1828年に開設された際、目的として掲げたのは、「科学的研究のために様々な地域の動物を飼育しておくこと」だった。それゆえ、基本的には非公開で、今でいう「動物を飼育して見せる場所」としての動物園とはちょっと違っていた。むしろ、自然史博物館の生きている動物版、あるいは、各地のリンネ学会など植物学の学会が持っている植物園の動物版といったイメージだろう。

こう書くと、あまりに単純化している部分があるのだが、とにかく最初に「学術イメージ」が強かったことは間違いなく、ここではそれを指摘するに留める。

なお、ロンドン動物学協会の本部は、今はロンドン動物園のゲートに隣接した古い建物に入っていて、図書室などは一般にも公開されている。1830年から出版し続けている動物学の学術誌*Journal of Zoology*をぼくはここで見たことがあるのだが、かれこれ2世紀分近いバックナンバーを棚いっぱいに並べてある光景は圧巻だった。

もっとも、ここで「動物園の起源は学術」と言いたいわけではない。むしろ、もっと昔から、珍奇な生き物を見たいという欲望に忠実な施設が、最初は王侯貴族などの特権階級のものとして、のちには大衆が楽し

｜上｜ロンドン動物学協会
｜下｜ロンドン動物園にて。動物園の職員も“ZSL”、動物学協会のシャツを着ている

む見世物小屋（メナジェリー）的なものとして存在したし、それらを「動物園的なもの」の起源と見る方が自然だろう。

動物園の起源というテーマに深く降りていくなら、こういったことにも注目しなければならないのだが、本田さんとぼくが、この本の中であぶり出したいのは、「21世紀の動物園に何ができるか」なので、近代動物園の始まり[03]あたりを起点にしたい。

なお、ちょっと先走って言うと、日本の動物園はあきらかに、「動物学の園」として始まっていない。にもかかわらず、日本で日本動物園水族館協会[04](JAZA: Japanese Association of Zoos and Aquariums) に加盟しているような動物園は、こういった「動物学起源」の欧米の動物園と理念を共有して、肩を並べて仕事をすることになる。たとえば、世界動物園水族館協会[05]（WAZA: World Association of Zoos and Aquariums）や、国際自然保護連合[06]（IUCN: International Union for Conservation of Nature）の飼育下繁殖の部会などが、その場だ。

03 近代動物園の始まり
もっとも一般的な解釈では、一般市民への開放と、科学や教育を重視した運営体制が近代動物園の要件とされる。18世紀後半のシェーンブルン動物園（ウィーン）と、パリの王立薬草園から国立自然史博物館付属動物園となったジャルダン・デ・プラント、そしてロンドン動物園が近代的動物園の始祖と考えられている。本

図版：1835年のロンドン動物園

04 日本動物園水族館協会
公益社団法人。正会員151施設（国内の動物園91園、水族館60館）、維持会員66団体で構成される（2018年12月時点）。「国際的な視野に立って、自然や貴重な動物を保護するためにできた、国内の151もの動物園や水族館の集まり」であり、「種の保存」「教育・環境教育」「調査・研究」「レクリエーション」を4つの役割として掲げる。川

05 世界動物園水族館協会
動物園・水族館の国際組織。もともとは欧州を中心とする園館長のクラブ的な組織で、1935年に設立。2019年1月時点で、23の国と地域の動物園水族館協会（日本のJAZAやアメリカのAZAなどを含む）や、直接参加している約250の動物園水族館（日本からは恩賜上野動物園、多摩動物公園、横浜市緑の協会、天王寺動物園、東山動植物園、ふくしま海洋科学館、千葉市動物公園、京都市動物園）が加盟しており、WAZAにつながる園館はトータルで1300におよぶ。2015年に策定された世界動物園水族館保全戦略と福祉戦略をもとに、飼育下繁殖から生息地での保全活動までを、ひとつながりのものとして推進している。スイスのグランにあるIUCN本部ビルに事務局を置いていたが、2018年スペインのバルセロナに移転。川

06 国際自然保護連合
1948年に創設された、国際的な自然保護団体。国家、政府機関、NGOなどを会員とする。絶滅のおそれのある野生生物のリスト、いわゆるレッドリストの策定で知られる。世界中の専門家がボランティアで参加する6つの専門委員会（種の保存委員会、世界保護地域委員会、生態系管理委員会、教育コミュニケーション委員会、環境経済社会政策委員会、世界環境法委員会）を持ち、特に種の保存委員会は、動物園水族館とのつながりが密接である。川

ニューヨークにも動物園を！

ニューヨークの場合も、１８９５年に動物学協会を設立した上で、１８９９年にブロンクス動物園（当時の名は、New York Zoological Park だが、「ブロンクス動物園」と表記する）がスタートした。

「ブロンクス動物園の場合、まず、フィラデルフィア[07]などの別の都市で立派な動物園ができていく一方、ニューヨークにはセントラルパークにメナジェリーそのもののような施設しかないことに不満を持つエリート層がいたというのが大きいと思います。ニューヨークでは、メトロポリタン美術館[08]もアメリカ自然史博物館[09]も、１８７０年前後に作られています。それらに比肩する動物園がニューヨークにも必要だ、という考えがあったわけです」

美術館、自然史博物館に加えて、動物園が、大都市に必須の文化施設であるというような捉え方がされていたようなのである。その際、動物園とは、「動物学協会が運営するもの」であり、従来の見世物小屋（メナジェリー）的なものとは一線を画するべきと考えられた。

ここで翻って日本のことを考えてみると、「動物園」という言葉に学術の香りはあまりしない。福沢諭吉が『西洋事情』の中で Zoological Park を「動物園」と訳し、定着したのは痛恨事で、本来のニュアンスを活かした訳語をあてていたら、日本の動物園は別なものになっていたのではないかと感じる人は、動物園関係者の中にも多い。

もっとも、単に言葉の問題ではなくて、社会文化的な背景や制度にかかわることだから、訳語が「動物学の庭園」だったとしても、「看板に偽りあり」の状態になっただけだろうという考えもある。

—07— **フィラデルフィア（動物園）**
当時アメリカ最大の都市だったフィラデルフィアに１８７４年に開園。それまで動物学協会を母体とした動物園が国内になかったので「アメリカ最初の動物園」を標榜している。１９０１年には国内動物園初となるペンローズ研究所を開設。(本)
写真：フィラデルフィア動物園の看板

—08— **メトロポリタン美術館**
ニューヨーク市マンハッタン島にある世界屈指の美術館。セントラルパークの東側にある。１８７０年に設立。(川)

どちらにしても、日本の動物園は「ザ・日本の動物園」(日本固有の動物園)だ。1882年に上野動物園ができたのが始まりとされており、以来、「憩いの場」としての機能を中心に運営されてきた。すべての都道府県に動物園があり、多くの場合は公園行政の一環の市民サービスとして営まれている。地元の子どもにとって、幼少期の忘れられない思い出が、近所の動物園と結びついている場合は多い(ぼくは、兵庫県明石市生まれなので、隣の神戸市にある王子動物園がそれに当たる)。

21世紀になってから、大学などの研究機関と提携し、飼育されている動物について調査研究が行われることが増えてきており、その点では、「動物学」の側面は、今になって注目を浴び始めている。ただ、動物園側のスタッフに、学術経験者(動物学などの理学系博士号取得者など)がいることはきわめて稀で、主体的に学術研究ができる体制にはなっていない。

動物園が生息地を保全する

実は、ブロンクス動物園も、日本とは別の意味で「ザ・ブロンクス動物園」で、設立当初から珍しい取り組みをしていた。

それは——

野生動物の保護。

である。

「ブロンクス動物園を作ろうとしたエリートたちは、世界でハンティングをしてまわっているうちに、野生動物の減少を危惧するようになった人たちなんです。ブーン&クロケットクラブとい

—09— **アメリカ自然史博物館**
メトロポリタン美術館とセットで語られることが多い世界屈指の自然史博物館。セントラルパークの西側、メトロポリタン美術館から見ると逆サイドにある。1869年に設立。(川)

うハンティング協会の設立にかかわったのとメンバーは同じで、かいつまんで言うと〝今のうちに野生動物を保護しないと、俺たちの素晴らしいスポーツ（ハンティング）が楽しめなくなるぞ〟という、現代の保全とは相当ニュアンスの違う意志に基づいたものです。26代大統領、セオドア・ルーズベルト[10]はこの協会の発起人かつ初代会長でもあります」

ハンティングのための保全。

これは、スポーツとしての狩猟に大きな存在感があった欧米社会的な発想、ともいえる。

ちなみに、セオドア・ルーズベルトは、ニューヨーク市生まれであり、また熱心な狩猟家で、ナチュラリスト[11]でもあった。日本でのイメージは、大統領としての傑出した人気や、日露戦争の調停を評価されてのノーベル平和賞の受賞などがまず先立つが、大統領に就任する前に、ニューヨークを拠点にした数々の活動を繰り広げている。

|上|アメリカ自然史博物館の入り口には、セオドア・ルーズベルトの騎馬像が
|下|建物に入ってすぐの恐竜広間は「セオドア・ルーズベルト丸屋根広間（rotunda）」と呼ばれる

そのひとつが、アメリカ自然史博物館の設立で、今でも館内のあちこちに彼の「痕跡」を見つけることができる。セントラルパーク側の入り口にある巨大な騎乗の像は嫌でも目につくし、中に入ってすぐのアロサウルス対バロサウルスの巨大な展示がある区間は、

10　セオドア・ルーズベルト
アメリカ合衆国第26代大統領。ニューヨーク州生まれ（1858-1919）。幼い頃から博物学的な関心を抱いており、大統領退任後の1909年には、アメリカ自然史博物館とワシントンDCのスミソニアン博物館の標本を得るために、自らアフリカを旅した。さらに後年、アマゾン川探検を行っている。（川）

11　ナチュラリスト
19世紀には博物学者、博物愛好家の意味で使われていた。現在では、もっと広く、フィールドの生物学者から、自然愛好家まで指す言葉になっている。エドワード・O・ウィルソンの『ナチュラリスト』とそれにつらなる『バイオフィリア』は、本書の後半の保全心理学的な議論にも関連している。（川）

記念ホールのベンチにも腰掛けている。隣で写真を撮影する人、多数

「セオドア・ルーズベルト丸屋根広間（rotunda）」と呼ばれる。この広間の壁には、彼の生涯の逸話が幼少から晩年まで壁画として描かれている。さらに、すこし奥に入った「北米の哺乳類」の展示の手前に、「セオドア・ルーズベルト記念ホール」があり、ベンチに腰掛けたブロンズ像がどんと置いてある。その隣に座って、ツーショットの記念写真を撮る人たちが後を絶たない。

自然史博物館の成り立ちそのものに、北米の狩猟文化が密接にかかわっており、「狩猟家・ナチュラリスト・大統領」のルーズベルトは、その象徴として適しているのだとぼくは了解している。

さらに述べると、彼が興したブーン＆クロケットクラブのような「倫理的狩猟団体」が、世界の環境保護の源流のひとつと評価する人もいる。こういった団体が中心になって、１９３０年、国際野生動物保護アメリカ委員会ができ、さらにこの委員会からＩＵＣＮ（国際自然保護連合）ができた、という流れをたどることができるからだ。

というわけでニューヨーク動物学協会とブロンクス動物園の設立の目的に、「野生生物の保護」を書き込むことは、彼らなりに自然なことだった。それは、単なる言葉の上のことではなく、初代園長に任命されたウィリアム・ホーナデイ[12]（１８５４―１９３７）は、動物園ができるやいなや、さっそく野生生物保護のための活動を開始している。

たとえば――

１９００年には、非合法に採集された動植物の取引を禁じる法律、レイシー法を通すのに尽力

—12— **ウィリアム・ホーナデイ**　スミソニアン研究所国立自然史博物館の主任剝製士として、動物が自然に生きる姿を再現する「ハビタットグループ」と呼ばれる手法に卓越した。アメリカバイソンの絶滅を危惧、国立動物園設立に奔走したが、運営権を掌握できないことを知って辞職。ニューヨーク州バッファローで不動産関係の仕事をしていたところに、ブロンクス動物園長職の白羽の矢が立った。本

写真：ホーナデイのポートレイト

した。また、絶滅の危機にあったアメリカバイソンを繁殖させて保護区に再導入する事業[13]も１９００年代に開始し、絶滅を回避することに大きく貢献した。現在、生き残っているアメリカバイソンのうち、家畜牛との交雑がない純粋な血統にはブロンクス由来の個体群が大きく寄与しているそうだ。

１９１１年には、野生動物保護のためのはじめての国際条約とされるオットセイ保護条約（日本も参加）の締結に向けてキャンペーンを張った。また、１９１６年には、英領ギアナ（現ガイアナ共和国）に熱帯研究ステーションを創設、それに応じて、ブロンクス動物園に「熱帯研究部」という部署まで作った。

こういった保全への取り組みは１２０年の歴史の中で一貫しており、のちのちＷＣＳ、野生生物保全協会を名乗る理由にもなった。

野生への負担

ここまで書くと、ブロンクス動物園がものすごく「偉い」感じがしてくる。

実際、偉大だと思う。

しかし、当時のこういった野生動物保護活動には、かなり大きな矛盾があった。別にブロンクスだけというわけではなく、もっと広く、動物園一般が持っていた矛盾だ。

つまり――

動物園で野生動物を飼育して見せる時、野生動物を捕獲してこなければならず、野生に負担を

13　**アメリカバイソンを繁殖させて保護区に再導入する事業**　バイソンの絶滅を危惧したホーナデイとルーズベルトは1905年にアメリカバイソン協会を設立、1907年にブロンクス動物園から15頭のバイソンをオクラホマ州に、1913年にはさらに17頭をサウスダコタ州に送り出した。北米で最初の再導入（野生復帰）の例。同協会は、ニューヨーク動物学協会、ブーン&クロケットクラブその他の組織と協力して議会を動かし、国立のバイソン保護区を設立させるなどバイソンを絶滅から救う鍵となる役割を果たした。本

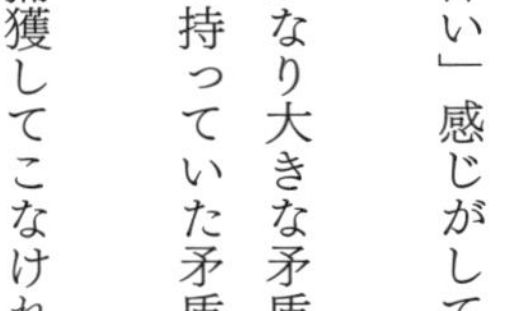

かけざるをえない、ということだ。

「20世紀もなかばを過ぎて、環境問題や絶滅危惧種の問題が取り上げられるようになると、動物園もそれに加担しているのではないかという批判が、一般市民の間でも強くなっていきました。たとえば大型類人猿。成獣を捕獲しても動物園の環境に適応させられないので、コドモを捕まえるのが常套手段でした。そのためにはまず、母親を殺さなければなりませんし、ゴリラのように群れで暮らす種の場合は周囲のオトナも殺します。ひどい話です」

動物園で飼育するゴリラを手に入れるためには、子どもに狙いを定めて、母親や周りのオトナを殺して連れ帰っていた。最初にその話を聞いた時、あまりにひどい話なので、一種の都市伝説みたいなものなのではないかと思った。でも、事実らしい。

「その先がありますよ。そうやって集団ごと殺してまで集めたコドモの多くは、動物園に到着する前に死んでしまうんです[14]。それで、1頭の類人猿の背後にはどれくらいの数の犠牲が出ているかという議論が始まって、さすがに関係者も考えざるを得なくなりました。飼育動物の種数を競うのはやめて、繁殖に力を入れよう、と。はじめて希少動物の飼育下繁殖の国際会議が開かれたのは1972年のことです」

1972年は、世界的な環境保護意識の高まりが新たな潮流を作り出した年として記憶されている。ストックホルムで国際連合人間環境会議[15]（いわゆるストックホルム会議）が開かれ、「人間環境宣言」及び「環境国際行動計画」が採択された。その後、素早く、実行機関である国際連合環境計画（UNEP: United Nations Environment Programme）もケニアのナイロビに設立された。

なお、ストックホルム会議は、日本にとってもインパクトが大きなものだった。「商業捕鯨の10年

|14| **到着する前に死んでしまう** 捕まえられたコドモは相当のトラウマを背負うだけでなく銃創などの傷を負っていることも珍しくない。集落へ連れて行かれ、市場へ連れて行かれ、港へ連れて行かれ、船旅をする間にかなりの割合が死んだ。本

|15| **国際連合人間環境会議** 1972年6月、スウェーデンのストックホルムで行われた、史上初の大規模な環境問題関連の政府間会合。ここで採択された「人間環境宣言」（ストックホルム宣言）は、国際環境法の基本文書で、1992年にブラジルのリオデジャネイロで開催された「環境と開発に関する国際連合会議」（地球サミットとも呼ばれた）のリオ宣言にも再録されている。川

間停止（モラトリアム）」の決議がなされ、その後、大いにこじれていく捕鯨問題の原点にもなった。[16]

そんな年に希少動物の飼育下繁殖について、はじめての国際会議が開かれたのだという。非常に象徴的というか、むしろ、この流れと直接的に連動していたと理解すべきだろう。

開催地となったのは、英領ジャージー島で絶滅危惧種の保護を目的として設立されたジャージー動物園だった。設立者のジェラルド・ダレル（1925―1995）は、『積みすぎた箱舟』（羽田節子訳、福音館文庫など）『虫とけものと家族たち』（池澤夏樹訳、中公文庫など）などのベストセラーで知られる作家だ。

『積みすぎた箱舟』で詳しく語られているように、動物採集ビジネスを生業にしていたダレルは、野生動物がどんどん減っていくのを実感していた。これはなんとかしなければならないと考え、著作からの収入をつぎ込んで「ジャージー野生生物保全トラスト」（現在は、ダレル野生生物保全トラスト）を立ち上げた。このトラストが運営する動物園が、「ジャージー動物園」（名称には変遷がある）なのである。絶滅動物の象徴、ドードーをマスコットにしており、かなり交通の便が悪いところにあるにもかかわらず、高い志において世界的に名を知られている。

ジャージー島での会議をひとつの契機にして、動物園の動物は必要に応じて野生から捕まえてくればいい、あるいは業者から買えばいい、という考え方は国際的には通用しなくなった。

そのかわりに、何が始まったかというと、「共同繁殖」だ。

ジャージー動物園。ダレルは16世紀に端を発する荘園を動物園にしたので、歴史的建築物が美しい

―16― **捕鯨問題の原点**
この会議では、「商業捕鯨の10年間のモラトリアムを」との勧告が採択された。その後、舞台は国際捕鯨委員会（IWC）に移り、10年後の1982年、商業捕鯨の一時停止が決まった。日本は1987年より南極海で調査捕鯨を開始、また1994年からは北西太平洋でも調査捕鯨を行いつつ、商業捕鯨の再開を期したが、IWCの中でかなえられることはなかった。2014年には、調査捕鯨の科学性を否定する国際司法裁判所の判決が下り、八方塞がりの中で、2018年末、日本政府はIWCからの脱退と、排他的経済水域（EEZ）の中で商業捕鯨再開を宣言した。（川）

共同繁殖〜方舟イメージの確立

複数の動物園で飼育されている動物をひとつの群れに見立てて、国内、時には国外とも連携して、繁殖させていくことを「共同繁殖」という。

日本では、90年代にフンボルトペンギンなど絶滅が心配されるペンギンの共同繁殖の仕組みがうまくまわり始めたのが初期の成功例だ。ペンギンは動物園と水族館が共通して飼っている動物なので、ふだんはあまり接点がない動物園と水族館の交流の場にもなったと評価されている。今、ペンギンを群れで飼っているような動物園水族館に行けば、ほぼ必ず、他の園館生まれの個体がいる。飼育員に聞いてみると、快く教えてくれるはずだ。

一方、ゴリラなどの類人猿のように園の看板を張る立場の人気動物は、そう簡単にはいかなかった。ペンギンの場合は、群れで勝負する見せ方をしていることが多いので、そのうちの何羽かを交換したりするのも別に抵抗はなかったのだが、これが、「ゴリラの○○」と名前がつき人気者になっている場合にはそうはいかない。そこで、所有権を移さずに繁殖のために一時移動する「ブリーディングローン」[17]という手法が取り入れられて、2010年代になってやっと確立してきたところだ。たとえば「○○動物園のホッキョクグマが繁殖相手のいる○○動物園に移る」とか、「うちのチンパンジーやレッサーパンダは、ブリーディングローンで来ている」などと普通に聞くようになってきた。

しかし、そういった取り組みは、欧米ではもっと早く1970年代から始まっていたのである。「動物園で野生動物の繁殖を続けると、近親交配のせいで、繁殖率、生育率が下がってきます。

—17— **ブリーディングローン**
飼育下で遺伝子の多様性を担保するためには動物をあちこちの動物園に動かしてペアの組み合わせを変える必要がある。しかし所有権の問題があるので、繁殖のための貸借ということでブリーディングローンのシステムが始まった。アメリカでは長く続けているのでもはや所有権は大した問題ではない。㊍

これをなんとかしようということで、ちょうど成熟してきた集団遺伝学を援用し、数値に基づく科学的な管理手法をとるようになりました。ごく単純化すると、遺伝的多様性を最大に保ちつつ個体群を一定期間維持するには、たがいに血縁関係のない個体（創設個体＝ファウンダー）が最初に何頭くらい必要で、個体数をどれくらいまで増やさなければいけないか、といったことを計算した上で繁殖計画を立てていくんです」

動物園は、種の方舟。

そんなイメージが確立した時期でもある。絶滅の危機にある動物を繁殖させて、やがては野生に戻せればよい。つまり、野生復帰や再導入などと呼ばれる事業も射程におさめ、非常にすっきりと動物園の役割を語る視座が提供された。ブロンクス動物園では、アメリカバイソンの野生復帰などに初期から取り組んでいたわけだが、これが今や、世界の動物の究極の目的というふうにも見られるようになった。実際のところ、野生復帰や再導入は、動物園だけで取り組むのは不可能なくらい大掛かりな事業になりがちだし、そう簡単にできるわけではないことも現在でははっきりしているのだが、それでも、いくつかの種では継続的で粘り強い取り組みが続いている。

北米でいえば、野生では絶滅に近い状態にまで個体数が落ちてしまったカリフォルニアコンドルやクロアシイタチの野生個体をいったんすべて捕獲し、飼育下で繁殖させた上で野生に復帰させる計画が、80年代に始まった。日本でも、トキやコウノトリの再導入が行われているし、ニホンライチョウやツシマヤマネコでは、再導入を見越した繁殖計画が運用されている。

いずれも、動物園だけではなく、自治体や国や民間や、ありとあらゆる関係者が共同で行っているもので、「動物園主体のプロジェクト」ではなくなっている。それでも、明確な出口を見据え

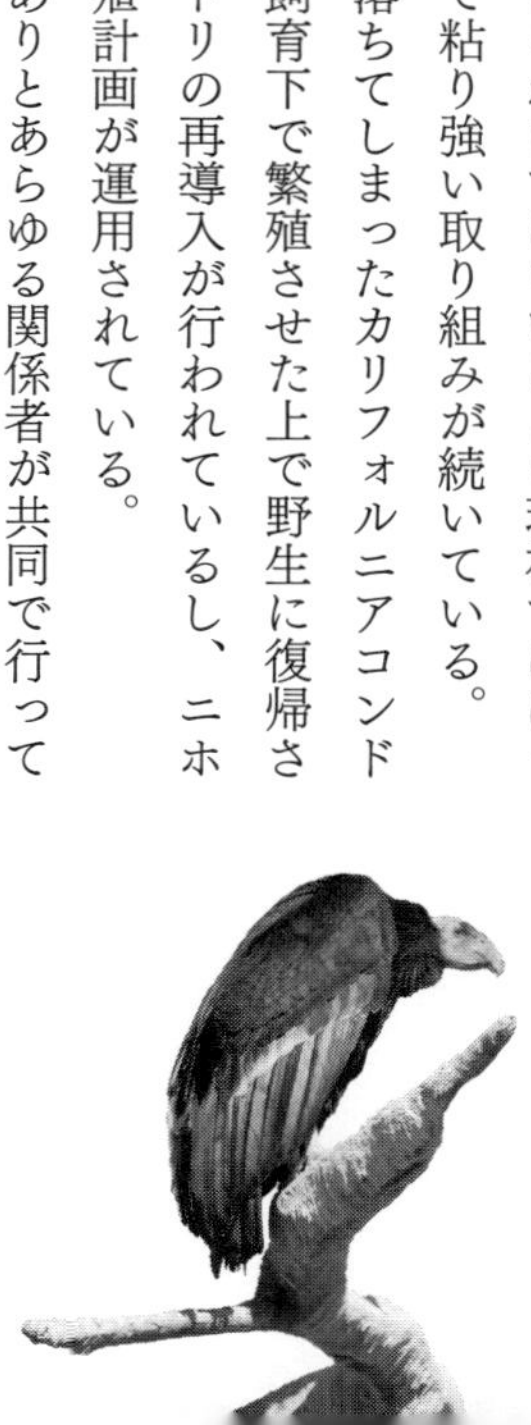

て繁殖を行うというイメージができたことは大きく、現在も「動物園は種の方舟である」という議論にはよく出会う。

家畜の繁殖とは違う

なお、野生動物の飼育下繁殖は、牛や馬や豚など家畜とはまったく別の困難がつきまとうことも申し添えたい。

そもそも、技術的に確立していないわけだから、まず、どうやったら繁殖するのか、というレベルで探求しなければならないことが多い。

また、家畜の繁殖とは、根本的なところで発想も違う。

たとえば——

飼育下での生活に馴染んでたくさん子どもを生む家系があったとする。子孫を残してくれるのはいいのだが、しかし、同じ家系ばかり殖えると、その動物の飼育下個体群は、親戚だらけになってしまう。家畜なら多産な家系は歓迎されるかもしれないけれど、種の保存が目的の動物園では、その種が持っているもともとの遺伝的な多様性をできるだけ維持しなければならないので、むしろ繁殖に参加しない個体にもなんとか参加してもらわないといけない。

つまり、動物園での「種の保存」は、実は人類が長年培ってきた「育種」や「家畜の繁殖」とは、ある意味で逆方向を向いた、新規な取り組みだった。

ひとつ大きな制限となったのは、やはりスペースの問題だ。野生からの供給を期待せず、動物園のみで何世代にもわたって希少動物を健全に飼い続けるためには、ある程度の数がいる。複数の動物園の個体群をひとつの群れに見立てた共同繁殖をする必要があったのは、まさにこういう理由だ。

「アメリカの場合、AZA（アメリカ動物園水族館協会）[18]がSSP（Species Survival Plan）という共同繁殖のプログラムを始めました。それが1980年代初頭ですからこのあたりは結構スピーディに動いています。同様の計画がヨーロッパでも、日本でも始まりましたし、現在、WAZA（世界動物園水族館協会）では、各地域別のプログラムを包括するGlobal Species Management Planを運用しています」

日本では、JAZA、日本動物園水族館協会が「種の保存委員会」を設けて、国内でも同様の計画JCP（JAZAコレクションプラン）を走らせている。JAZAに加入している動物園、水族館が対象になる種を飼う場合、この計画に基づいた繁殖を行う。この時、JCPは、WAZAの包括的な繁殖計画の一部でもあるので、日本の動物園や水族館は、まずは日本国内での繁殖を考えつつも、世界規模の共同繁殖ネットワークの指針を絶えず意識しながらやっていくことになる。

ここで注意喚起しておきたいのだけれど、「動物学協会」が運営する形で始まってスタッフにも専門家（博士号を持った人など）がいるのが当たり前の欧米の動物園も、「憩いの場」としての運営をしてきた日本の動物園も、同じようにここでは分け隔てなく、肩を並べて仕事をすることになる。その際、背景に学術的な積み重ねがあるかどうかは結構大事なことで、日本の動物園はかなり背伸びをしなければならないのが現状だ。

ぼくが知るかぎり、それらの「背伸び」要素を、日本の動物園は、たまたま能力がある人が頑張ってなんとかしてきた。日本の現場では、しばしばものすごくデキる人が粛々と仕事をしている。でも、組織がそれを支える形を取っていないので、不遇なこともある。

18　アメリカ動物園水族館協会　1924年創設、アメリカ最大の動物園水族館の業界団体NPO。5年ごとの厳格な資格審査制度を敷き、保全、動物福祉、健全な運営などあらゆる基準を高め、行政規制や世間の批判に耐える動物園水族館の確立に努めている（JAZAは入会時のみ）。本部はメリーランド州。日本では「アザ」と呼ぶ人が多いが、発音は「エー・ズィー・エー」。なお、AZAの方針と相容れなかったり審査を通らなかったりした施設などが集まり、ZAA（Zoological Association of America）という別組織が2003年にできている。本川

２００年の計を語る

閑話休題。

本田さんがこういったプログラムのことを知ったのは、１９８０年代。つまり、アメリカでＳＳＰが始まって間もない時期だ。本田さんは、当時、印刷会社に勤務しており、子どもの頃から動物や動物園に関心はあったものの、アメリカの動物園に転職するというのはこの時点では現実味がある考えではなかった。

「僕が社命でニューヨークに赴任したのが１９８４年です。それから3、4年して、*The Last Extinction*[19]という本を読んでＳＳＰのことを知り、ブッ飛びました。ＳＳＰは、対象種をあと２００年、飼育下で維持するにはどうしたらいいかということを基本にプログラムを組んでいると書いてあったんです。２００年たてば、動物たちを野生に返す環境を残すことができたか、それとも動物園という人工の環境だけが彼らの生きる場所なのか、結論は出ているだろうと。それにしても、２００年ですよ！　まだ30歳にもなっていなかった自分にとってそれは途方もなく長い年月のように思えました」

２００年！　というのは、たしかにものすごい時間だ。今から振り返って２００年前、いったいどんな時代だったかと考えてみると実感できる。

日本でいえば、２００年前の１８１０年代はまだ江戸時代だ。第11代将軍徳川家斉の時代で、日本史の教科書的には、寛政の改革（１７８７－９３）と天保の改革（１８４１－４３）のちょうど中間の時期ともいえる。１８０８年のフェートン号事件や、１８２８年シーボルト事件など、外国

19 *The Last Extinction*
Les Kaufman and Kenneth Mallory (eds.), *The Last Extinction*, MIT Press in association with the New England Aquarium, 1986
図版：第2版の表紙

がらみの事件が相次いで起き、1825年には異国船打払令が出ている。幕末に向けて大きなうねりが押し寄せつつも、かろうじて鎖国体制を維持できた最後の時期ともいえる（この状況を今の日本の動物園と重ね合わせる関係者もいるかもしれない）。

200年という時間はそれほどのものだ。確認のために歴史の年表をめくってみて、くらくらしてしまった。

とにかく、1980年代の動物園共同体は、200年の計をたてて、希少動物の繁殖計画を開始した！　本田さんでなくとも「ブッ飛ぶ」話だろう。

「もっとも、この計画はその後、2000年前後にちょっとだけ下方修正されました」と本田さんは笑いながら言う。

「200年といっても、その動物種の寿命や繁殖の頻度、一度の産仔数などによって、スタートに集めるべき個体数、維持に必要な個体数など条件は様々ですから。たとえばゾウとネズミでは個体数も世代数も必要なスペースも全然違います。今ではこの計画を30年以上続けているわけですが、その結果、この一律『200年』の目標はさすがに非現実的だということになって、〝100年ないし10世代以上にわたって遺伝的多様性を90パーセントより高く維持できること〟というふうに目標が設定され直しています。それでも大変長期的な視点に立ったプログラムです」

SSPが実行されるようになってから、実に35年が過ぎている。計画の3分の1はすでに過ぎたことになる。200年の計はさすがに無理だったとしても、100年の計は、着実に実行されつつある。

動物福祉の高まり

「野生動物の消費者」を脱し、希少動物の「種の保存」の担い手として名乗りをあげた動物園は、市民の支持を得られただろうか。

部分的には、イエスだ。ただし、それだけではダメだというのは明らかだ。

動物園で繁殖させることで野生に負担をかけることは少なくなったとしても、飼育されている動物たちにも「幸せ」であってほしいと感じる人は多い。動物園が「野生動物の消費者」であることがいけないのはもちろん、飼育されている動物の福祉を大切にすべきだという議論が1980年代以降、高まりを見せていく。

「有名なのは、やはり類人猿で、アトランタ動物園のオスのゴリラ、ウィリー・Bや、ワシントン州タコマのショッピングセンターで飼育されていたオスのゴリラ、アイヴァンなどが、注目を浴びました。どちらも屋外放飼場がない飼育施設に1頭だけ飼育されていたんです。ゴリラの入手の方法ではなくて、飼育環境に対する批判が巻き起こったということに注目してください。背景には野生動物の生態が次第に明らかになり、それが本やテレビで伝えられるようになったこともあるでしょうね」

アトランタ動物園は、批判の高まりに対して、ゴリラたちの飼育展示施設を全面的に改修することで応えた。新しい施設では、草木の生えた空間で、優位なオス（シルバーバック）が群れを率いる自然な構成で暮らすことができるようになった。それどころか、そういった群れを1つではなく、なんと4つも同時に維持できるようにしたのだから徹底している。

アフリカから親や仲間を殺された上で連れてこられたウィリー・Bは、アトランタに来てから実に27年間、空を見ることなく牢獄とも言われた屋内施設で飼育されてきた。この施設改修で、はじめて、屋外に出られるようになり、なおかつ、群れを率いる生活へと移行した。そして、何頭もの子どもたちの父親となり、アトランタ動物園の象徴ともなって、今も語り継がれている。

一方、「ショッピングモールのゴリラ」、アイヴァンはウィリー・Bと同じ年にアメリカに連れてこられた同世代のオスで、シアトルのウッドランドパーク動物園に引き取られて飼育された後、1994年にアトランタ動物園に移った。こちらは2012年まで生きて、ウィリー・B亡き後のアトランタの人気者となった。

類人猿というカリスマ的な動物には、1頭1頭、興味をひくストーリーがあり、人の心にもアピールする部分が大きい。だからこそ、動物福祉の焦点となりがちだ。しかし、この流れは類人猿だけでなく、すべての飼育動物について、つまりモルモットやハムスターのように希少とはいえない哺乳類、両生類や魚類、生き餌に用いる魚類にまでも真摯な対応を要求する水準に達している。希少性と、動物の福祉は、まったく別のことなのである。

展示と福祉の関係（ランドスケープイマージョンの勃興）

では、1980年代に、動物の福祉を実現する手立てとして、どのようなことが考えられただろうか。

たとえば、ウィリー・Bの例を見ると、屋内しかない狭い施設から、草木がある広々とした屋外放飼場つきの施設へと移ることで生活環境が改善された。生息地の環境に似せた場所で、野生での群れに近い「家族」構成で暮らすというのは、素人考えでもとても良いことのように思う。この場合、自然に似せて変化に富んだ放飼場が福祉の向上に役立った事例だ。

ここで、少々、ややこしいことが起きる。

自然に近く見える展示が常識になっていく中で、動物の生活環境だけでなく、来園者の体験としても、野生の環境の中にいるかのように一体的に造園する手法「ランドスケープイマージョン」が勃興し、流行した。これが概念としてかなり難しく、後々、誤解を生むことになる。

「檻や金網で作られた旧式な動物舎は、実は、飼育管理面では効率的かつ機能的なこともあるんですが、利用者に対する心証が悪いということが選択圧となって、なるべく自然に近く見える展示が普及していきました[20]。さらに、動物がいる空間と来園者の空間をひとつの連続した景観としてデザインするのが、ランドスケープイマージョンの際立った特徴です。シアトルのウッドランドパーク動物園で最初に試みられて、それもゴリラからスタートしました」

ランドスケープは「景観」のことで、イマージョンは「その中にどっぷりと浸かり込む」みたいな意味だ。

たとえば「イマージョン教育」といえば、英語教育などで、四六時中、英語が使われる環境に学習者を置いて英語漬けにする手法を指す。それと同じように「ランドスケープイマージョン」は、単に自然な環境の中の動物を見るだけでなく、来園者も同じ野生の環境に「環境漬け」されているようになる工夫がなされているということである。

それなのに、日本では、ランドスケープイマージョンは、動物の福祉のためのものだ、とまず理解されていたフシがある。ぼくが『動物園にできること』を出版した1999年の時点では、

20 **なるべく自然に近く見える展示が普及していきました** ランドスケープイマージョンと並行して、展示の造形的な技術や建築素材の内容が向上し、そこへ後述するエンリッチメントへの努力が加わりました。その結果、動物と人の間のバリヤーをなるべく目立たせない工夫、展示内や周囲の植物の使い方、岩石や土・砂の使用、背景画の使用など、見た目が極力自然に見えるよう努めるのが欧米では普通となっています。だからこそ、ランドスケープイマージョンは、来園者のいる空間の扱いでのみ区別ができるのです。本

動物福祉のための環境エンリッチメント（次項で詳しく語る）と、ランドスケープイマージョンの区別がついていない人の方が多かった。実をいうと、これは本家のアメリカでも程度の違いこそあれ似た状況で、「イマージョンは動物のため」と主張する人がかなりいた。

「飼育動物のいる空間が生息地を彷彿とさせるように修景[21]しようという試みはランドスケープイマージョン以前から綿々とありました。だから、展示手法としてのランドスケープイマージョンの特徴は、来園者を動物と同じ景観の中に包み込むことにつきます。ただ、シアトルのウッドランドパーク動物園でこの手法が開発された時には、飼育動物になるべく野生での生活に近い体験を与えようという強い意識が同時に働いていました。つまり、手法に至る思考プロセスの中に、動物の福祉を最大化するという目標が強く意識されていたわけです。それが、こういった混同の原因になったと思っています」

つまり、この時点では、「広々とした生息環境に近い放飼場」というのは、動物福祉のためであり、同時に、展示効果のためである、という両者が交わるところに位置づけられていた。

もっとも、その後、様々な試みがなされる中で、「イマージョン型だけれど、住み心地が悪い」「住み心地は良いけど、イマージョン型としては破綻している」展示がありうることも実例として出てきた。展示効果に完璧を求めていくと、動物福祉の追求に制限ができて、逆もまたしかり、ということがよくある。だから、今はこれらをちゃんと区別して、別々に考えておいた方がいい。

その上で、ひとつの有力な展示の手法としてランドスケープイマージョンを理解しておくくらいがちょうどいいかなと思っている。このあたり、誰もが認める日本語の定訳がないままきょうまで来てしまったものの、間違いなく一世を風靡した展示手法なので（ただし、日本ではきちんとしたものはごく一部でしか見られない[22]）、本書の中でも、きっと後で、実際の展示を見ながら話題にすることになる。

―21― 修景
都市計画・道路計画などで、自然の美しさを損なわないように風景を整備することを指す。本

―22― 日本ではきちんとしたものはごく一部でしか見られない
日本では大阪府の天王寺動物園くらいでしょうか。宇部のときわ動物園は未見ですが、実現しているかも。アメリカでも「きちんとしたもの」は非常に少ないのが実情です。本

環境エンリッチメントについて

さらに、もうひとつ、20世紀の最後の時期に立ち上がった重要トピックがある。

「動物福祉が重視される中で、90年代には、環境エンリッチメントや行動エンリッチメントが、動物園関係者の間で盛んに取り上げられるようになりました。日本では最初、イマージョンの影響なのか、あたかも展示手法であるかのように誤って伝わったんですが、あくまで個体の福祉のための動物管理手法です。さすがにもう誤解している人はいないと思いますが」

まず、ここでいうエンリッチメント（enrichment）とは、動物の生活を「豊か」なものにすることを指す。環境エンリッチメントも、行動エンリッチメントも、基本的には同じことで、ちょっと着眼点が違うだけだ。つまり、飼育下の動物の「環境」を豊かなものにして、発現する「行動」を豊かなものにする試みだということだ。

今、日本の動物園でも、放飼場の中に、ちょっと工夫をしなければ餌を食べられないような給餌装置[23]（フィーダー）が置いてあるのを見ることがよくある。多くの野生動物にとって、採餌に長い時間を費やすのが普通なので、飼育下でもある程度、時間をかけて食べてもらうよう、餌をあちこちに分散させたり、隠したり、食べるのに手間がかかるフィーダーを使ったり、といったことが行われる。これらは、いわゆる「採食エンリッチメント」と呼ばれるもののひとつだ。簡単に想像できる通り、こういったエンリッチメントはしばしば手作り感満載の取り組みになる。施設面で足りないものを、工夫してより豊かにしようとしてきた飼育担当者たちの努力が原点とすらいえる。

ところが、本田さんが指摘するように、日本に入ってきた時にはたまたま「イマージョン」に

—23— **ちょっと工夫をしなければ餌を食べられないような給餌装置**　たとえばキリンにまとめて餌やりをすると、短い時間で食べ終わり、柵舐めなどの「異常行動」が出ることがある。こういったフィーダーを使うことで、行動が改善されるというデータが報告されている。川

写真：塩ビパイプを用いたキリン用の「ゆらゆらフィーダー」（提供：大牟田市動物園）

ついて消化不良な理解が蔓延していた時期だったこともあって、動物園に勤務するプロでも、エンリッチメントを展示の手法だと誤解した人も多かった。

でも、実際のところは、イマージョン型の展示が、エンリッチメントとバッティングしてしまうことがしばしばある。たとえば、エンリッチメントで多用される遊具やフィーダーは、イマージョン型の展示にはそぐわない。自然を模した景観を作りたいところに、人工的なものが置かれると、せっかく雰囲気を盛り上げているのに台無しになってしまう。展示効果が削がれる。

もちろん先にも見たように、イマージョン型の展示は、広々としていて、動物本来の生活空間を模したものになっていることが多いわけで、その点はまさに「エンリッチメント」の要素を持っている。ただ、単純に動物福祉を考えると、「変化に富んだ放飼場」だけでなく、「遊具」「フィーダー」といった利用可能な手段を、必要に応じて使った方がよさそうだ。

だから、志の高い展示サイドと、同じく志の高い飼育サイドとの間には、しばしば緊張が走る。「動物を飼育して、見せる」という一連の営みの中には、大小とりまぜて様々な緊張関係が織り込まれていて一筋縄ではいかない[24]、というひとつの例だと思う。ブロンクス動物園でも、展示の中でそういったジレンマが現れることがある。

エンリッチメントのやり方によって展示効果が削がれる事例。註24参照

24　一筋縄ではいかない　写真上はフィラデルフィア動物園。モノクロではわかりにくいがアムールヒョウの目の前には真っ赤なプラスチックの玩具、そしてその手前にはダンボールが散らかる。写真下はブロンクスの「コンゴ」。野菜などをばら撒いて採食時間を伸ばす努力をしているが、見た目の印象はよくない。本

アニマルライツのこと

ここでさらに、もうひとつ、動物福祉とは似て非なる価値観の体系がある。どんどんややこしくなっていくけれど、このややこしさは、今の動物園の背景のややこしさそのものなので、もうちょっとお付き合いいただきたい。

「似て非なる価値観の体系」の持ち主とは、アニマルライツ、動物の権利について真剣に考える人たちだ。

「アニマルライツ団体を支持する人は、ヒト以外の動物にも人権と似たような権利を認めよう、場合によっては類人猿に人権と同じ権利を与えようとします。こういった人たちは人間の都合で動物を利用することそのものを否定します。だから、動物園は基本的に悪なんです。動物福祉は、飼育している動物の福祉を考えているわけですが、アニマルライツは飼うこと自体がいけないというわけですから、動物園の存在自体を否定することになります。そこで、動物園側として、AZAなどは、アニマルライツと動物福祉を峻別して、動物福祉に関してはAZAのメンバーはエキスパートである、という立場をとっています」

ここはすごく大事なことだ。

アニマルライツも、動物福祉も、遠巻きに見ている分には似ているように思えることがあるが（実際に、時々、境界線が曖昧になることもあるが）、かなり別のものだ。しばしば鋭く対立する。

動物園との関連でいえば、動物福祉は、動物園と親和性が高い。動物園は、自らそのエキスパートであると名乗って高い水準での飼育を目指そうとする。動物福祉の団体と動物園が一緒になっ

―25― シーワールド
シャチ飼育反対の声は飼育動物の死亡やトレーナーの事故死、さらに映画『ザ・コーヴ』（2009年）と『ブラックフィッシュ』（2013年）などに追い風を受け、行政判断に影響を及ぼすまでになった。2016年にシーワールドはシャチの繁殖をしないとの声明を発表、同年カリフォルニア州ではシャチの繁殖とパフォーマンスを禁止する法律が成立。（本）

て飼育を改善しようとすることもある。その一方で、アニマルライツ団体は、どんな理由でも動物を利用するのはダメだという立場なので、最初から動物園否定派だ。

そして、近年、欧米の一般市民の中で、アニマルライツ的な言説に賛同する人が増えているというデータが出てきている。

「動物の飼育や利用についての批判的な意見は、その根拠が正当かどうかは別にしても、欧米の社会全体に影響を与えています。批判を展開する人たちはコミュニケーション技術に長けているのに対し、残念ながら動物園関係者はヒトを相手に発信するのが得意ではないようです。シャチのことで激しい攻撃の標的になったシーワールド[25]（カリフォルニア州サンディエゴ、フロリダ州オーランド、テキサス州アントニオ、3カ所にある）は営業不振に陥り、ゾウのショーで有名だったリングリングブラザーズのサーカス[26]は廃業を決定しました。こうした欧米の社会状況は、動物園があって当たり前という既成概念を否定しつつあるんです」

こういう話を聞くだに、日本にいるぼくたちは「何か極端なことを言う人たちがいて、アメリカやヨーロッパの動物園は大変だ」という感想を抱きがちだ。

一方で、日本の動物園は「ぬるま湯」に浸っているような気もする。市民のニーズがあるのだから「あって当たり前」という感覚で、欧米的な動物園が直面しているような圧力にさらされていないのだから。

—26— **リングリングブラザーズのサーカス**
アメリカでは長いことアニマルライツ団体などがサーカス批判行動を展開。特にゾウは槍玉に上げられ、リングリングブラザーズは繁殖と老後の施設を作ったが、2000年に複数の団体にゾウの扱いをめぐり訴えられた。逆訴訟と勝訴に終わったが、リ社は16年にゾウをすべて引退させた。(本)

アジアゾウのはな子の件

いや、本当に圧力にさらされていないのだろうか。

よくよく考えてみると、ぼくたちはすでにその「洗礼」を受けているのではないか。それも、動物園や水族館といった「動物を飼育して、見せる」施設において。

日本においては、アメリカのような動物園先進国の水準からすると、動物福祉の観点からも、アニマルライツの両方の観点からも、どちらからも批判に値する事例が多いから（つまり、ツッコミどころが多いから）、海外から批判が届いた時には、動物福祉とアニマルライツの双方の観点が一緒くたになったアマルガムの状態になっていることが多々ある。動物の福祉が無視されているなら福祉の人は黙っていないし、もともと動物園が大嫌いなアニマルライツの人はもっと黙っていない。おかげで動物園の人も、一般の人も、「よその国の愛護の人がうるさいことを言っている」と捉えがちだ。でも「愛護」とひと言で済ませるのは事実誤認に近い。

これまで日本で「愛護の人が文句を言っている」と捉えられたケースの背景には、実はここまでで素描した現代の動物園批判がある。

非常に典型的な例として、2016年に亡くなった井の頭自然文化園のアジアゾウ「はな子」[27]をめぐる騒動が挙げられる。

その前年2015年に、カナダ人のブロガーがたまたま見たはな子の飼育環境に衝撃を受けて、「コンクリートの中、1頭だけで立ち尽くしている」と自分のブログで発信した。この件はたちどころに「炎上」して、「世界で一番孤独なゾウ」はな子の話題はネット空間を駆けめぐった。

[27] 井の頭自然文化園のアジアゾウ「はな子」 はな子は、1949年、2歳半で来日、2016年に69歳で没。戦時中に動物園の動物の多くが亡くなったため、戦後、タイから贈られた。当初は移動動物園で日本各地をまわり、最終的には井の頭自然文化園で飼育された。60年以上にわたって1頭だけの環境に置かれ（単独飼育）、2度の死亡事故を起こす（夜、ゾウ舎に侵入した市民、そして飼育員）。2015年、コンクリートの壁に囲まれた変化に乏しい放飼場でたたずむ姿をブロガーが報告したことから「炎上」。この件をきっかけに、日本には他にも1頭飼いのゾウがたくさんいることが世界的に知られるようになった。現在、ゾウの飼育は、動物福祉上、多頭飼育が基本とされている。（川）

何を大げさなと思う人は、「コンクリート」「1頭だけ」という時点で、北米のゾウの飼育のスタンダードは満たしていないことを理解してほしい。つまり、アメリカのAZA所属園だったら、動物福祉への取り組みが充分ではないとして、AZAの会員資格を更新できなくなる。AZAではほぼ5年毎に会員資格の審査があり、入会時の審査のみの日本のJAZAとは、その点が大きく違う。たとえば、2018年に資格の審査を迎えたピッツバーグ動物園は、ゾウの施設の改修が間に合わなかったことから、更新ができず離脱した。その際、独自に動物福祉団体と協力し、現状の施設で最善を尽くすという構えも作った。AZAの基準とは違うが、動物福祉はちゃんとやっていきますという姿勢だ。

さて、ネット炎上した時、はな子はすでに高齢で他の施設への移送や、新しい環境への適応が難しくなっていた。だから、結局、1頭飼いを継続するしかなかったという事情もある。とはいえ、そういう境遇に追い込んでしまったのは、確実に人間側なのである。

これについては、本田さんも手厳しい意見だ。

「はな子が死んで何カ月たっても献花が絶えない、といったニュースが報道されました。その後、ブロンズ像もできました。日本の人たちは、はな子のことを考えているんだ、感謝しているんだ、と言う人もいるでしょう。でも、動物園のプロとして、本当にはな子のことを考えたら、外界の変化に適応できなくなるほど老いる前に、何かできたことはなかったでしょうか。同じ東京都の施設でも上野はゾウ舎を改修していますし、多摩ではアジアゾウもアフリカゾウも最大3頭で飼育していました。井の頭の飼育担当者ができるかぎりのことをしていたということは疑いありませんが、設置者である東京都は、果たして、はな子というゾウに対して責任あるケアをしてきたと言えるか、僕個人は大いに疑問です」

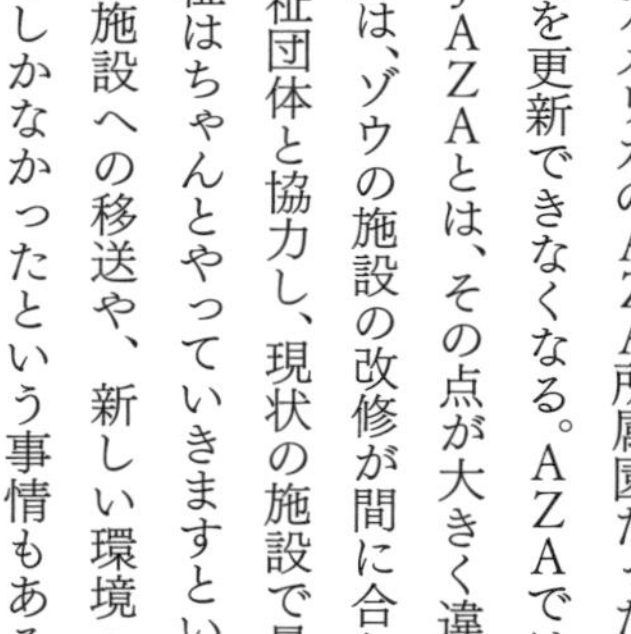

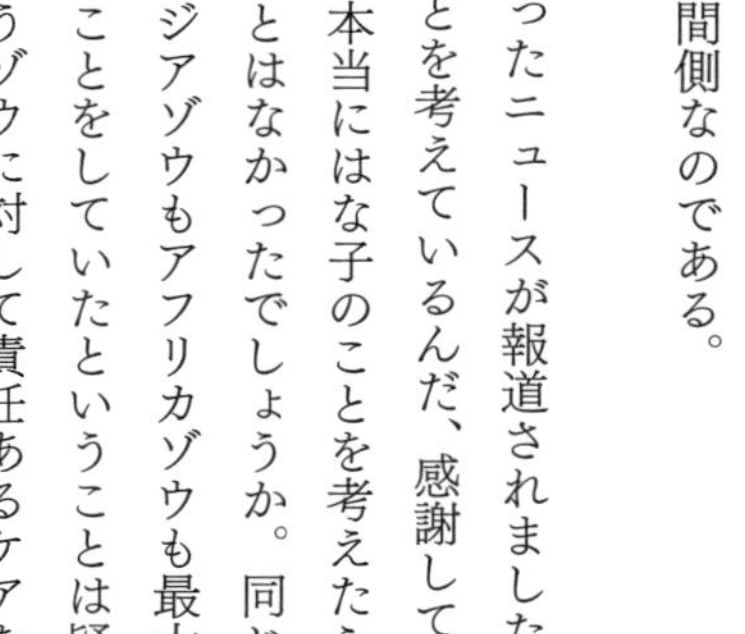

写真：はな子（右）と献花台（左）

おそらくは、動物福祉上の改善はもっとできることがあったはずだ。

その一方で、興味深いのは、はな子の悲しい状況を見出したカナダ人ブロガーが呼びかけた請願の内容だ。

最終的には世界中の47万人近い人が署名した請願サイトを確認すると、その時に要求されていたのは、はな子の生活環境を単純に改善せよという話ではなく、「はな子を母国のタイのサンクチュアリーに送り返せ」だった。カナダ人ブロガーは専門家に相談してベストな要求を考えたということなのだが、その際、動物福祉というよりも、アニマルライツ的な「動物園の飼育自体が悪」（サンクチュアリーなら多少はよい）という価値観を取り入れたようにも思える。

一方、すこしでも生活環境の改善を！　という動物福祉の最適化を求める声もネット上で容易に見つけられる。もしも、はな子がもうすこしでも長生きしたなら、ぼくたちにはまとめて「愛護の人たち」に見えた中から、福祉の専門家を探し出して一緒にできることを模索するのも手だったかもしれないと感じている。

背景情報まとめ

以上、本田さんが日常的に相対しているリアリティについて、背景情報をまとめた。

おさらいすると、こんなふうだろうか。

欧米の動物園は（欧米の動物園では）、

・設立者・運営母体に「動物学協会」の名を冠したものが多く、学問的な意識が強かった。
・特にブロンクス動物園は、20世紀初頭に動物園で繁殖したアメリカバイソンを生息地に戻す「野生復帰（再導入）」の先駆的な取り組みを行ったほか、野生動物の保護のために生息地の保全に熱心に取り組んできた。
・1950年代から動物の入手方法について反省する動きがあり、70年代には大きなうねりとなった。希少動物の飼育下繁殖についての国際会議は、1972年にはじめて開かれた。
・1980年代に集団遺伝学を援用した種の保存計画が始まった。動物園は「種の方舟」であるというイメージが確立し、「野生復帰（再導入）」の試みも熱心に行われた。と同時に、その可能性と限界[28]についても議論されるようになった。
・1980年代に飼育施設の改善に取り組み、北米ではランドスケープイマージョンのように後に大きな影響を与える展示手法も生まれた。なお、これは展示手法であり、動物福祉のためであるとは誤解してはならない。
・1990年代に環境エンリッチメントへの取り組みを深めた。動物園は動物福祉のエキスパートであろうとする機運が高まった。
・2000年以降、ゾウや鯨類などの飼育については、さらなる批判にさらされている。
・現在、動物園での飼育自体を悪とするアニマルライツの価値観が台頭しており、動物園の存在意義がこれまで以上に問われている。

本書の関心としては、これらはあくまで前提条件として知っておいてほしい知識だ。

―28―限界
野生復帰がうまくいった例もありますが、適正な生息環境そのものがない、野生での生活の学習ができないというように様々な困難も明らかになりました。さらに、鳥インフルエンザに代表される感染症の防疫上の理由で輸出入ができない動物が増えていますし、規制がなくても、原産地国にはない感染症や寄生虫を持ち込む危険が認識されています。さらに野生に放しても死んでしまう個体と動物福祉との矛盾などが新たな議論を呼んでいます。本

動物園から野生生物保全組織へ

動物園で野生動物を飼育するに際して、要求される水準がどんどん上がっている。飼育の水準にも、展示の水準にも、高いものが求められている。

動物園の根っこには、「珍しい動物を見たい」という人々の素朴な欲望があり、それを満たすだけならいわゆるメナジェリー[29]（見世物小屋的な施設）で充分かもしれない。しかし、現在の動物園は、社会的な要求をより高い水準で実現していく道を選んでいる。

ブロンクス動物園は、間違いなく、その最先端にいる動物園のひとつだ。

本章で素描した状況への応答として、1993年、ブロンクス動物園の運営母体は、これまでの「ニューヨーク動物学協会」から「野生生物保全協会」へと名前を変えた。「今の時代の動物園は野生生物保護のために存在する」と自らを再定義したわけである。

「その時の会長はウィリアム・コンウェイといって、20世紀の最後の30年以上にわたってブロンクス動物園の園長からWCSの会長というトップの座に君臨した人物です。アメリカで『動物園は野生生物を守るための機関である』という考えが常識となったのはコンウェイの力だったと言う人が少なくありませんし、僕が勤める展示グラフィックス部門を創設したのもコンウェイです。コンウェイは動物園出身の鳥類学者で、種の保存や生息地の保全に強い情熱を持ち続けました。それで、動物園・水族館と生息地の保全とを結びつけようと、名称変更を断行したんです」

なお、この時、ブロンクス動物園は国際野生生物保全公園（International Wildlife Conservation Park）に、セントラルパーク動物園は野生生物保全センター（Wildlife Conservation Center）、ニューヨーク水族館

29 メナジェリー
図版：ドイツの画家ポール・フリードリッヒ・マイヤーハイムが描いたメナジェリー（1894年）

は「野生生物保全のための水族館（Aquarium for Wildlife Conservation）」と、それぞれ名前を変えた。しかし、これらはさすがに定着しなかった。市民にとっては、やはり動物園であり水族館であり続けているというのは、興味深いトリビア[30]だと思う。

なお、コンウェイは1999年に引退し、現在は時々、WCSの行事などに顔を出す程度だという。ぼくが取材をした1997年から98年にかけての時点で、すでに神格化された人物で、取材を申し込んだものの、スケジュールの調整がつかず実現しなかった。一方、本田さんは、組織の中にいるので、この伝説上の名園長とも顔を合わせる機会があるという。うらやましいかぎりだ。

「数年前にコンウェイとこの名称変更のことをちらっと話す機会がありました。その時の彼によれば、最大の目的は、一般市民のイメージを変えることではなく、ニューヨーク動物学協会の理事会の意識を変えることだったと言っていました。理事会が、生息域内の保全と動物園・水族館の間の仕切りを外したがらなかったのをなんとかしたかった、と」

とするなら、「動物園」や「水族館」の新しい名前が結局定着しなかったとしても、それはよし、なのかもしれない。協会の方の名称変更はしっかりと定着して、すでに違和感なく使われるようになっているのだから。

2020年戦略

名前が定着しただけではない。今、WCSのウェブサイトを開き、マニフェスト[31]を見ると、こんなふうに明記されている。

―30―興味深いトリビア
ブロンクス動物園の正式名はニューヨーク動物学公園New York Zoological Parkで、Bronx Zooはあくまで「通称」でした。International Wildlife Conservation Parkをやめるということになってようやく2004年にBronx Zooを「正式名称」として認めたという経緯があります。本

―31―マニフェスト
https://www.wcs.org/about-us

〈WCSの目標は、「2020年戦略（2020 STRATEGY）」に定めた、保全の優先順位が高い地域16カ所の野生の生息地を護ること。この地域には、世界の生物多様性の50パーセントが集中している。……非常に野心的な挑戦だが、これを、フィールド、動物園、水族館のユニークな組み合わせで成し遂げる〉〝ABOUT US〟のページを抄訳

動物園や水族館を持ちつつ、野生生物の生息地の保全を行う団体なのだということが、組織の存立の要件として、捉えられている。

その16カ所というのは、南北アメリカ、アフリカ、アジア、オセアニアから選ばれており、それぞれ生物多様性のホットスポットとされている地域ばかりだ。

これらの生息地を護ることだとまずははっきり述べた上で、ブロンクス動物園やニューヨーク水族館をはじめとする飼育展示施設は、保全の目的を達成する手段だと位置づけられている。60カ国以上、400カ所近いフィールドを持ち、実際にそこで地元の政府や活動家と一緒に生息地保全にいそしんでいるという規模を知ると、たしかにもはや「単なる動物園ではない」のは明らかだ。

しかし、前述の通り、ニューヨークの人たちから見るとやはり動物園だ。

プレスクールや小学校の子どもたちの遠足の行き先だし、家族で出かける週末の行楽地でもある。若者にとってはデートスポットだ。そして、そこに行けば、ふだんは見ることができない野生動物と出会えると誰もが知っている。

ぼくには、これがとてもすごいことのように思える。日常の延長にある動物園と、遠い生息地の保全がとても密接につながっているわけだから。

ただし、本田さんはちょっと注釈をつけた。

「委細を知らない人は、WCSは動物園・水族館と、生息地の保全の両方からなるすごい組織、というふうに単純に考えるかもしれません。でも、これらは、事業の内容もお金の流れもまったく違います。歴史的には別組織同然だった時代も長いですし、だからこそ、コンウェイは名称変更したという面もあります。現在でも決して一枚岩というわけではありません。むしろ双頭の巨人という感じでしょうか」

かつて、動物園・水族館の営みと、生息域内での保全活動は分断されたものだった。それらが、つながりうるものだと強く意識され始めたのは、やはり、コンウェイが園長に着任した1970年代以降のようだ。動物園・水族館で共同繁殖させたものをやがて野生に戻すこと（野生復帰、再導入）を見越していくとしたなら、生息地と動物園・水族館は、ひとつながりのものにならざるをえないというのは、とてもストレートな考え方だ。

もっとも、21世紀においては、ちょっとトレンドが違ってきているかもしれない。生息地での保全活動は、特定種の保護というよりも、生態系の復元や、生息地全体のランドスケープの保全など、「全体」にかかわる意識が高まっている。個別の動物種に目が行きがちな動物園の営みと反する方に向かっているとも言えるのではないだろうか。

「たしかにそれはそうで、溝が深まるかと見えた時期もありました。ただ、理屈としては環境全体を守らなければいけなくても、ゾウやトラのようにカリスマ性が高い動物に一般市民の関心を向けてもらいやすいのは当然ですよね。それで、2020年戦略では6つの最優先動物種群を決めて[32]、それらをきっかけにランドスケープやシースケープといったものを守ろうとしています。結果として、ブロンクス動物園内でランニング大会を開いて参加者は寄付の金額を競い合うというようなイベントや、動物園を通じて象牙の需要がゾウに及ぼしているインパクトについての啓蒙と寄付集めをするキャンペーンのように、以前はなかった形の活動が増えているんですよ」

様々な側面がありつつも「双頭の巨人」は、双頭がたがいに刺激しあって成長している。そう思ってよさそうだ。ここでは、一枚岩ではなく、緊張関係を持ちつつも、おたがいに連携する道を常に探していると理解しておこう。

さて——

そんな中、本田さんが携わる解説展示は、ぱっと見には個々の動物の展示をどう見せるかという部分にかかわるものだが、究極的な目標はWCSの遠大なミッションを達成することに他ならない。つまり、動物園や水族館を、地球上の様々な野生動物の生息地を守るために機能させるべく日々、心を砕いている。

こういった目標のために、どんなことをやってきて、これからやっていくのか。まさに「動物園にできること」を示唆してやまない。

さあ、しばし語らった「グローバル保全センター」の心地よいテラスを後にして、いよいよ園内を本田さんと一緒に歩いていく。

—32—6つの最優先動物種群　ゾウ、類人猿、大型ネコ科動物（ビッグキャッツ）、サメとエイ、鯨類とイルカ類、リクガメと淡水ガメがこの6つの種群ですが、その後さらに枠を広げ細分された種群が定められています。本

第2章

「コンゴの森」に分け入る

アジアゲートをくぐる

日本からニューヨークに来てブロンクス動物園を訪ねる人たちは、たいてい地下鉄2号線か5号線を利用して来園する。降車駅は、West farms Sq./East Tremont Ave. というややこしい名前だ。多くの人が、ふたつ先の駅の Bronx Park East で降りるのではないかと勘違いするのだが、そこからだと遠まわりになってしまう。

正しい駅で降車できれば、後は簡単だ。

まず、ホームにある「Bronx Zoo」の矢印[01]に従って外に出る。このあたりは地下鉄も高架の上を走っているので、改札を出たら階段を下りる形になることに注意。もしも、地下ホームだったら、何かがおかしい。ちゃんと路線図を見直そう。

その後は、線路に沿った Boston Rd を進む。マンハッタンから乗ってきた人なら、電車の進行方向のまま歩くことになる。線路はすぐに大きく右に曲がって逸れていくけれど、道は一直線に続いている。ほんの3、4分で、動物園の「アジアゲート」が見えてくる。

01 「Bronx Zoo」の矢印
ブロンクスはマンハッタンの北東、ハーレム川の向こう側にある。大リーグのニューヨーク・ヤンキースの本拠地、ヤンキースタジアムもブロンクスにある。(川)
写真：ホームの矢印に従って進もう

｜上｜地下鉄を降りるとすぐに動物園の「矢印」があらわれる
｜中｜ほんの数分でアジアゲートが見えてくる
｜下｜「野生生物保全協会・ブロンクス動物園」と表記されている

ぼくにとって、アジアゲートは思い出深い場所だ。1997年から98年にかけて、幾度となくここをくぐり、園内に足を踏み入れた。とんでもなく暑い夏の日、マイナス20度の厳冬の日、さらには雪が積もった日にも、あえてそういう時の動物園を知りたくて通った。雪の日のユキヒョウやホッキョクグマ[02]は実に美しかった。

その後、ニューヨークを去って、ブロンクス動物園を再訪したのは、今回を含めて2度目。20年が過ぎても、チケットを売っているレンガ造りの小屋は同じままだ。たぶん、動物園が続くかぎり変わらぬままなのだろうと思わせる安心感がある。

ゲートに掲げられている文字を確認しておこう。

—02— **ホッキョクグマ**
ブロンクスで生まれ育ったブロンクス最後のホッキョクグマ「ツンドラ」が2018年に死んだ（老衰で安楽殺）ので、もうホッキョクグマはいません。これまでの経験と現代の飼育展示の要件に照らして、ホッキョクグマは今後飼育しない方針です。(本)

〝Wildlife Conservation Society〟〝BRONX ZOO〟
野生生物保全協会・ブロンクス動物園

それが何を意味するのかは、1章で解説した。あらためてゲートの前に立ち、この名称を見上げると、「帰ってきたなあ」と懐かしい感覚がこみ上げてくる。

「アフリカの草原」にて

ぼくがニューヨークを去った直後、1999年に完成した「コンゴ・ゴリラの森（Congo Gorilla Forest）」を本田さんと一緒に見に行くのがこの日の目的だった。

アジアゲートから入ると、順路の関係でまず最初に出会うのは、[03]「アフリカの草原（African Plains）」だ。ここでも、やはりゲートの前で感じたのと同じような懐かしい感覚がこみ上げてきた。

広々としていて、地面は緑。アカシアに見立てた木立もあって、まさにアフリカの草原のようだ。特にウシ科の草食動物ニヤラのビューポイントから、肉食のライオンがあたかも同じ展示の中に一緒にいるように見えるのは秀逸な仕掛けだといえる。来園者からは見えないところにうまく濠をもうけて、間を飛び越せないようにしてある。おかげで、肉食動物と草食動物が、視野の中で「共存」できる。

これは、動物園の歴史の本を読むと必ず出てくる、ドイツのハーゲンベック動物園の「無柵放養式」「パノラマ展示」に由来する技術だ。1907年、カール・ハーゲンベック（1844

03　**まず最初に出会うのは**　小さな子どもを連れた家族向けのフィールドアスレチック的な施設「ネイチャートレック（Nature Trek）」を作ったので、今ではまずネイチャートレックに出会うことになります（第5章参照）。本

−1913）が作った有名な展示は、手前の池に水鳥、次に草食獣、肉食獣と続き、奥にある険しい丘にはバーバリーシープがいるという趣向だった。来園者との間には柵がなく、濠をたくみに使ってそれぞれの動物を隔離して、ひとつの眺めとして見せていた。

「カール・ハーゲンベックは、動物商が本業で、集めた動物が売れるまでの間、経費がかさむのを何とかできないかと考えてサーカスを始めました。サーカスの他に、各地をまわる動物見世物の巡回展としてパノラマを作り、それを恒久施設としたのがハーゲンベック動物園です。それで、園内には今でもサーカスのリングがあります。実は、ハーゲンベックが作った時は肉食獣のところにはトラとライオンが一緒になっていて、草食獣のところはアフリカもアジアも新世界も一緒で、さらには家畜までいました」

つまり、「動物がいる景色」を提供しはしても、「固有のランドスケープ」を見せるという意識はなかった。それでも、ライオンは檻の中にいるのが普通だった時代に、いきなり、檻から解放しただけでなく、パノラマビューまで実現したのだから、大いに話題になり、人気を博した。

同業者への影響も次第に大きくなった。柵がない「無柵放養式」は世界中の動物園に広がり、基本的な技術として定着した。[04] 一方、「パノラマ」の方は、当時、動物園の展示は分類学に基づくべきだと考えられていたこともあって、誰もが追従するというふうにはならなかったようだ。それでも、各地で、この手法を試みる動物園が登場したことは間違いない。日本でも、上野動物園において、ホッキョクグマ舎とオットセイ舎（昭和初期）、アフリカ生態園[05]（戦後）などで、「パノラマ」を取り込もうとした例がある。もっとも、おそらくは設計・施工の技術が不足していたため、十分な結果を得られなかったようだ。

[04] 基本的な技術として定着した
ハーゲンベック商会は動物を売るだけでなく施設設計の指導もしました。付加価値サービスですね。日本でも東山動物園がハーゲンベックの指導で展示を作ったのがよく知られている例のひとつです。本

そんな中、ブロンクスの「アフリカの草原」は、現地の景観を再現して、そこにいる固有の動物を見せることにこだわった上で、パノラマビューも取り入れた進化版だといえる。

　特に、ぼくが感心したのは、草原がただの草っぱらではなく、本当にアフリカにありそうな木があって日陰を提供していることだ。

「もともと、展示内の木は、現地の樹木に似たものを選んでいまして、ニヤラは葉食性なので口が届くところの葉っぱを食べますから、木はその下が剪定されたような形になるんです。こういうのを、ブラウズライン（browse line）と言います。アフリカのサバンナで、アカシアもキリンに食べられてブラウズラインができて、〝テーブルツリー〟の形になっていますよね。あれに似たものが動物園でも見せられるんです」

　うがった見方をすると、野生動物が植物と相互作用して、独特の景観を創り出すのを、そのまま動物園でも再現しようとしていることになる。こういうものを見ると、野生動物が環境の中にただぽつんと置かれているわけではなくて、自らダイナミックに働きかけて、ランドスケープごと変えていく存在なのだとわかる。最近、自然保護の単位としてランドスケープが注目されるのは、景観自体、生き物たちが相互作用して作り上げるものだからだ。

「でも、問題がありまして。今では木が大きくなってしまい、奥のライオンの放飼場が見えにくくなって、せっかくのパノラマの効果の邪魔になっているんです。剪定すればある程度見えるようになりますが、葉が茂ってくるとやはり隠れてしまいますから」

　たしかに、ニヤラとライオンの間の木立は、すこしでも茂りすぎると奥のライオン放飼場が隠れてしまいそうだ。もっとも、別のビューポイントに移れば見えるので、展示全体としては破綻

―05―アフリカ生態園
ハーゲンベックのアフリカ・パノラマ（写真右）では段違いの展示の間の観覧通路は完全に隠されています。上野のアフリカ生態園（写真左）は「ひとつの景観」には遠く及ばない作りでしたが、獣舎を階下に置くなど工夫のあとは見えました。本

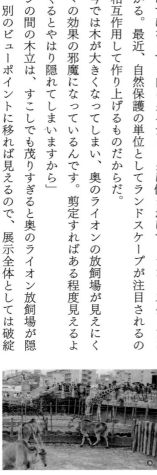

| 右 |「アフリカの草原」のキリン
| 左上 | ライオン。後ろにちょっとニヤラが見えている
| 左下 | ニヤラ側から。たしかに木の向こうのライオンは見えにくい

しないのだが、パノラマビューは楽しめなくなる。このあたりのことをきちんと維持しようとなると、まずはこまめな園芸的な作業が必要だし、もっと抜本的な解決としては、木を間引く必要があると本田さんは考えている。

こういうことは言われないとなかなか気づかない。本田さんと一緒に園内を歩いて、ぼくが最初にメモをしたのは、いわば「メインテナンスの大切さ」「定期的な見直し」だった。ぼくがここを訪ねて「懐かしい」と感じる背景にも、維持管理のための不断の努力があるのだと感じ入った。

それにしても、木が大きくなって、当初の意図を達成しにくくなっているというのは、別の意味ですごい。１年、２年で、そこまでになることはないわけだし、かなりの期間、同じコンセプトを維持してきたがゆえの悩みではないだろうか。

そんな感想をもらしたら、本田さんは強く相槌を打った。

「この展示ができたのは１９４１年[06]ですからね。２０１６年が、75周年だったんですよ」と。

「コンゴ」にたどりつく前に、いきなり衝撃に打たれた。

そんなに古いの？ と。

第２次世界大戦中の展示だった！

１９９７年から98年の取材でぼくがよく訪れていたのは、アジアの熱帯雨林の屋内展示「ジャングルワールド」や、クマやユキヒョウなどの展示で、「アフリカの平原」の個別の取材は特にしなかった。そして、勝手に１９８０年代以降のものだと決めつけていた。それだけ、現代的に見

—06— この展示ができたのは1941年
展示がオープンした時はこの写真のように見通しがよかったのですね。ちなみに山崎豊子の「沈まぬ太陽」にはこの展示の様子が正確に描写されていますが、動物種はオープン時の資料をもとにしたと判断されます。(本)

えたからなのだが、実際には1941年、第2次世界大戦中！　にできたものだというのである。

いったいなんだろう。この射程の長さは。20世紀の前半にこれを作った人たちは、21世紀になっても、基本的に同じ景観の中で、市民がキリンやニヤラやライオンを見ていると想像しただろうか。きっと、その可能性を充分見越していたに違いない。

つくづく感じ入っていると、本田さんがしきりと首をかしげている。

「ああこれもうちょっとダメですね。変えないと。破れちゃってる。何年も前に変えたものなので……ここまで破れているとすぐに取り替えることになりますね。これ、諸般の事情で、イラストレーターに外注するのではなく、僕自身が描いたものなんですが……」

そう言いながらスマホを取り出して撮影する。脇から覗き込むと、ライオンの群れ構成を解説するプレートの端っこが破れてしまっていた。

「こういうふうにチェックするのも、やっぱり仕事なんですよね」と聞いた。

「そうですね。ルーティンでいつもまわっているわけじゃないんですけど、見つけたらやっておかないと……」

この瞬間、ぼくは本田さんの展示グラフィックス部門が、飼育部門や園芸部門とは別の意味で、動物園を維持する「日常的な力」なのだと理解したと思う。

新しい展示を考えて作り上げることには、ある種「お祭り」的な要素がある。そして、その後には、保守点検と微調整の日々が待っている。

そういう細々とした積み重ねのおかげで、75年以上前にできた展示が現役として維持され、10年以上隔てて訪ねた人に「懐かしい」という感覚を与えることができるのだ、と。

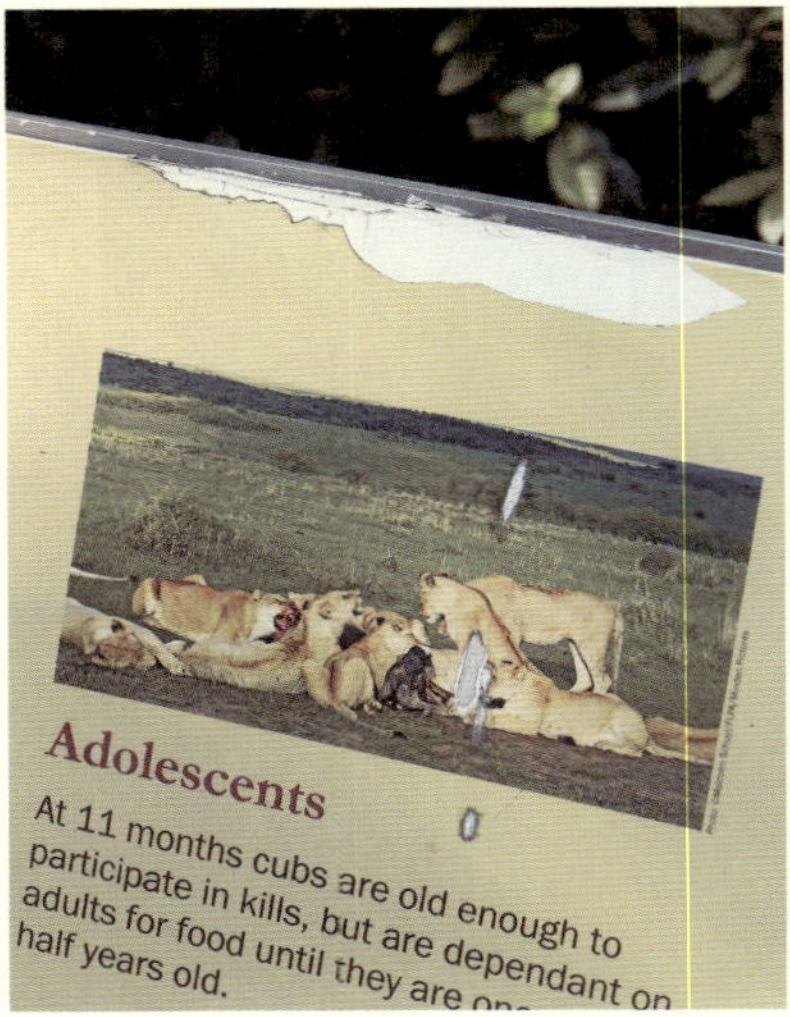

｜上｜本田さんがイラストを描いたライオンの群れ（Pride）の解説
｜下右｜保守のため写真を撮る
｜下左｜上の部分がかなり傷んでいた。この部分のイラストは本田さん自身による

「コンゴ・ゴリラの森」へ

さて、「アフリカの草原」を作る際に音頭を取ったのは、20世紀の中葉に、ニューヨーク動物学協会を牽引した、ヘンリー・フェアフィールド・オズボーンJr.（恐竜学者でとても有名な同名の父がいるので注意。ただし本稿では以下、ジュニアの方をオズボーンと表記）だという。

自然保護の論客であったオズボーンは、「霊長類館」「爬虫類館」「キャットハウス（ネコ科動物館）」といったふうに分類学的に仕分けられて配列されていた当時の動物園を、生物地理学的なくくりにまとめ直して、なおかつ景観を再現する展示に変えていくことを提唱していた。その第一弾が「アフリカの草原」だった。

ここで、動物園が「動物学の園」だったことを思い出そう。そして、動物学と言った時、かつては依拠する学問が、分類学や系統学だったのに対して、オズボーンはむしろ生物地理学（のちの生態学に発展）を重視したようにぼくには思える。生態学は20世紀のなかば以降に求心力を増し、自然保護の考え方を束ねていくのに寄与したものだから、現代的な動物園の理論的支柱のひとつだ。もちろん、基本的には「種」を展示する動物園にとって、分類学や系統学はまさに根幹をなすもので、決して重要性を失ったわけではないことは付記しておかなければならないけれど。

さて、動物園は、新しくゼロから作るのでもないかぎり、既存の施設を徐々に更新しながら変わっていく。だから、オズボーンのビジョンは時とともに変更を余儀なくされつつも、前章にも登場した名園長ウィリアム・コンウェイにも受け継がれて、アジアの熱帯雨林展示「ジャングルワールド」や、アフリカの熱帯雨林展示「コンゴ・ゴリラの森」（以下、「コンゴ」と略）へと続いていった。さらに21世紀になってできた「マダガスカル！」が、古い「ライオンハウス」を改修して作られたことは、やはり「分類から生息地へ」（分類学・系統学から、生態学・生物地理学へ）という流れを象徴しているように思えてならない。

そんな背景を頭に入れて歩くと、「アフリカの草原」から「コンゴ」に至る園路は、アフリカ大陸のサバンナ気候の自然から、森を分け入った熱帯雨林の自然に至る長い旅をわずか数百メートルに短縮したもののように感じられる。10分もかからずに、まったく違う景観の中で、まったく違う生き物に出会う旅である、と。

97年から98年の滞在時には建設中だったこの施設を、ぼくはのちの訪問で一度見たことがある。つまり、これが二度目なのだが、それでも、一歩ごとに、期待が高まった。

「コンゴ」はブロンクス動物園の展示の最高峰というだけでなく、動物園展示のひとつの到達点とさえ、しばしば言われる。それがどれほどのものかと言うと……ぼく自身の感じ方は後でたくさん書くことができるので、ここでは「受賞歴」を紹介しておこう。

まず、動物園業界の評価として、2000年に、アメリカ動物園水族館協会（AZA）の「展示賞（Exhibit Award）」を受けた。また、動物園の似て非なる隣人ともいえる博物館業界からは、それよりも早い1999年に、アメリカ博物館協会（AAM: American Alliance of Museums 授賞当時は、American "Association" of Museums）優秀展示賞を得た。

2000年には、芸術分野として、ニューヨーク市アート委員会(New York City Art Commission)と国際野生生物映画大賞(非放送作品部門)から賞を受けた。後者の「映画大賞」についてはのちほど触れる。

さらに、2001年には、動物園園芸協会（Association of Zoological Horticulture)、アメリカインダス

トリアルデザイナー協会（Industrial Designers Society of America）といった、展示にかかわる個別部門を評価されての受賞が続いた。

インダストリアルデザインなどふだんは縁がなさそうな分野での受賞があることからわかるように、動物園界に留まらないインパクトを持っていた。とにかくここでは、各方面から絶賛されたということを予備知識として持って、大いに期待を高めてほしい。

そして、最初はあえて、素朴に楽しみつつ、本田さんの話に耳を傾けよう。ぼくも、「はじめて」のつもりで聞いていく。

まずは、入り口の前にて。

細い木を何本も立ててフェンスを作り、そこにツタをからめて、これからコンゴ盆地[07]のキャンプにでも入っていくのだという気分を盛り上げている。フェンスに取り付けてある〝CONGO Gorilla Forest〟の文字は、映画の題字のようだ。

映画に出てきそうな「コングフェンス」

「キングコングのコングを取って、コングフェンスなどと呼んでいますね。園内には他にもこの形のフェンスを使っている場所があります。〝CONGO Gorilla Forest〟のサイン自体は、何年もビニールのバナーだったんですが、ついにちゃんとしようっていうことになって、僕がこれを取り付ける仕事を担当しました」

本田さんがブロンクスにやってきた2000年には、もう「コンゴ」はオープンしていたので、本田さん自身はこの展示を作るプロ

—07—コンゴ盆地
アフリカ中央部、赤道直下にある広大な盆地。典型的な熱帯雨林気候。コンゴ川流域のコンゴ共和国とコンゴ民主共和国にまたがる。マイケル・クライトン原作の映画『コンゴ』は、コンゴ盆地の奥地を舞台に、手話を話すゴリラ、エイミーが事実上のヒロインというものすごい物語だった。（川）

セスには関与していない。けれど、ひとたび出来上がったものも、日々のメインテナンス、時には改修が必要なのはすでに見た通りだ。本田さんはかれこれ20年近くもこの「最先端の」展示と付き合っていて、裏も表も知っている、という状態だ。

「熱帯雨林の小径」を抜けて

入り口で6ドルの「入場料」をまず支払う。これは全額、コンゴ盆地の野生生物の保全活動に使われると説明され、のちのち、どんな保全活動に使うか、自分で決められるということも説明される。出発前に、マップを確認すると、くねくねした小径をたどりながら、設置されたビューポイントから動物たちがいる展示を見ていく形式だとわかる。

その名の通り、メインになるのはニシローランドゴリラ[08]の群れだが、そこに至るまで、コンゴの熱帯雨林を散策して様々な動物に出会う。だから、ゴリラがテーマというより、[09]コンゴ盆地の熱帯雨林を舞台にした複数種の展示施設だと思った方がいい。入り口から出口まで、歩く距離はおよそ500メートル。飼育されている中には、オカピのように単体でも主役を張れる人気動物もいて、まさに気が抜けない構成になっている。コンパクトにまとめられた熱帯雨林を五感をフルに使って堪能せよ！　という構えで来園者を待っている。

歩き始めてすぐのところは「熱帯雨林の小径（Rainforest Trail）」と名付けられていた。

これはまさに導入部だ。

ブロンクス動物園は、オークやカエデ、ニレといった、ニューヨークらしい木立の中にある。

―08―ニシローランドゴリラ　ゴリラはまとめて1種と考えられていましたが、現在はヒガシゴリラとニシゴリラの2種に分類され、それぞれの中に2亜種が認められています。動物園で飼育されているのはほとんど全部ニシゴリラの亜種のニシローランドゴリラ。ゴリラのすべてがIUCNのレッドリストでCR（深刻な危機）。本

そこから、何千キロメートルも離れたところにあるはずの熱帯雨林へと入っていくためには、それなりの仕掛けが必要で、ここで没入感を高めてもらおうという部分だ。

入り口近くはまだ生きた動物がいる場所ではないから、足早に通り過ぎてしまう人が多い。一方で、ゆっくりと歩く人にはそれなりにご褒美というか、発見がある。

〈研究者は、熱帯雨林の探偵です。彼らは野生生物を理解するための鍵を探しています。この森には、そういった鍵が満ち溢れています。どれだけあなたは見つけられますか？〉

ふと目に入ったサインにはそう書いてあった。

「シロアリの蟻塚、それからバッファローの頭骨……」とぼくが数え上げた。

一方、本田さんはここでもスマホを取り出して、さっと写真を撮った。

「ゾウのフンを作って置いてあるはずなんですが、ちょっと草が生えすぎてわからなくなってますね」

実際に草をかき分けてみると、たしかに、ゾウのフンのようなものが地面にごろんところがっていた。

草取りや木々の剪定は、園芸部門の役割だから、本来は本田さんの領分ではないのだが、展示解説が機能するには、「すべて」が整わないといけないので、この場合も本田さんは大いに気にするところになる。写真を撮って、担当者に伝えるなりなんなりすることになる。もっとも、当然、優先順位はあってこのようなマイナーな部分を整えるのは、かなり余裕がある時だ。

「こういうのは、トータルのメインテナンスが難しいんです。植物がどんどん茂ってきているところに、何を生かして何を切るかとか指示をしなければならなくて。これを作った時は、園芸部

—09— ゴリラがテーマというより　コンウェイが書いた有名な文章のひとつに「ウシガエルの展示の仕方」という小文があります。夢の中で、「保全とか教育とかいうなら希少な動物ではなく身近なウシガエルのような動物の方がはるかに効果的な展示ができる」と主張する悪魔「M」と口論になるという趣向。悪魔が「これくらいきちんと展示してみろ」とコンウェイを連れてまわる展示は、ウシガエルを軸にあらゆる展示手法を駆使し、古生物から淡水の生態系までをカバーする内容で、映画のシアターも登場します。このウシガエルをゴリラに置き換えて現実に作ってしまったのが「コンゴ」だと言えるでしょう。本

| 上 |「ちょっとあたりを見てごらん。いろんなものがあるんだよ!」と書いてある
| 下右 | シロアリの蟻塚
| 下左 | ゾウのフンは草に隠れがち

門が、展示グラフィックス部門EGADの中にあったんですけど、上手くいかなくて今は指示の系統が分かれちゃってます」

そんなことを話しつつ歩いていくと、すぐに小径は湾曲してうっそうとした茂みに行きあたった。「モンキー、モンキー」と指差しているのは、遠足で来ている低学年の子どもたちだ。ツタが絡まる木々の間から、白と黒の顔がこちらをのぞいていた。

ああ、やられたなあ、と思う。

角を曲がったらいきなり、というような演出は、はっきりと意図されたものだ。単に景観を似せるだけでなく、こういった偶然の出会いまで計算しつくしているのは、ランドスケープイマージョンの手法で、つまり、「コンゴ」は、「イマーシヴ」な手法をふんだんに取り入れたものになっている。とにかく、「コンゴ」の展示群の最初の動物、アンゴラコロブスが、茂った木々の合間からこちらを見ているのだった。「コロブスの木々（Colobus Trees）」と名付けられた展示だった。

お出迎えはアンゴラコロブス

アンゴラコロブスは樹上性のサルで、熱帯アフリカのアンゴラやコンゴ民主共和国のあたりを中心に分布している。「コンゴの森」の導入部にふさわしい生き物だ。

体全体の色は黒だが、顔には白い部分があり、肩からはまるでケープのような長く白い毛が伸びている。

主に木の葉っぱを食べるリーフイーターで、数頭から十数頭の群れを作って暮らしている。ぼくらを見ていた個体は、いきなり木の枝からジャンプした。

一緒に見ていた子どもたちが「ワオ！」と驚きの声をあげた。

これって、何かに似ている。

頭の中をサーチして、ボルネオ島で見たことがあるテングザルだと気づいた。

テングザルもアンゴラコロブスと同じコロブス亜科という大グループに分類され、木から木へ、時には木から川へとジャンプする。

もっとも、「コンゴ」の展示の中のアンゴラコロブスがジャンプした先は、他の木でも川でもなく、地面だった。「主に樹上で活動するが、地上で食べられるものを探すこともある」と解説板に書いてあった。

コロブスは、これから出会うことになっているゴリラと比べると、地味な感じは否めないが、別の意味で玄人受けする種である。

コロブス亜科という単位で考えると、とてもバラエティに富んでいる。鼻が長い独特の風貌のテングザルだけでなく、日本の研究者が「子殺し」行動を発見して学会に衝撃を与えたハヌマンラングール[10]や、孫悟空のモデルとも言われるキンシコウ[11]まで含まれる。うんちくを語ろうと思えばいくらでも出てくるので、ぼくが知る動物園関係者の中にはコロブスだけで何時間も語り合えるという人は何人もいる。

さて、ぼくがコロブスの動きに目を取られている間に、本田さんの方はお仕事モードになってやはり写真を何枚も撮っていた。

ひとつは、さきほどの続きで、植栽の問題だ。

―10― **ハヌマンラングール**
霊長目オナガザル科コロブス亜科。インドに分布。四肢と尾がすらりと長い。オス1頭と複数のメスと子どもからなる群れを作るが、群れの乗っ取りの際、オスによる子殺しが常習的に行われることを1962年に杉山幸丸がはじめて観察・報告した。本

―11― **キンシコウ**
霊長目オナガザル科コロブス亜科。中国内陸部の山岳地帯に分布。オレンジ色の長い体毛をもつ。孫悟空のモデル云々には諸説ある。本

「この辺の植物が枯れてますよね。それで、裏にあるフェンスが丸見えになっています。寝室までちょっと見えちゃってる。本当はこういうところに植栽を増やして見えなくしたいんです。あと、今、動物との間のメッシュが目立ちますよね。これは〝Invisinet（見えないネット）〟といって、目立たない網です。ここは通路よりも展示の方が暗いので、メッシュが明るい色だと目立ちやすくなるのでさらに黒く塗ってあります。最初は、人止め柵とメッシュの間にもうすこし高いところまで植栽があったんです。そうすると、あまりメッシュがあるというふうには見えなくなります。今は背丈の低いものばっかりになってしまっているので、その辺もちょっと再考が必要かもしれませんね。こういうのって、僕らが言わないと、他に言う人がいないので言うようにしてるんですが……」

本田さんが所属するEGADは、別に保守点検のための組織ではないのだが、来園者が展示で得る「体験」にひたすらこだわる立場から、展示のちょっとした破綻の種に気づくのは、やはり、その部門の人たちだということになる。

というわけで、本田さんは、展示解説の部分にもしきりと目をやって写真を撮っていた。「アフリカの草原」のライオンのように、展示パネルが壊れていたりしたのだろうか。

「僕が見ているのは、中に入っている動物の種類と、この種名ラベル[12]が合っているかってことなんです。ここは、もともとはクロシロコロブス（アビシニアコロブス）で始まったんですが、今入っているのはアンゴラコロブスです。新しい種名ラベルを作ってくれって言われて、作ったはいいけれど、なかなか変わらなかった時期がありまして。こっちが言われた通りラベルを変えちゃうと、中身が違うっていうケースが発生するんですよ。まあ、哺乳類であれば把握できていることが多いんですけど、鳥は現場でどんどん変わる[13]ので、管理職ですらどこに何がいるか把握していないことがありますね」

[12] **種名ラベル**
欧米でも「種名ラベル」イコール「解説」という動物園が普通ですが、EGADでは解説パネルは別物として扱っています。(本)

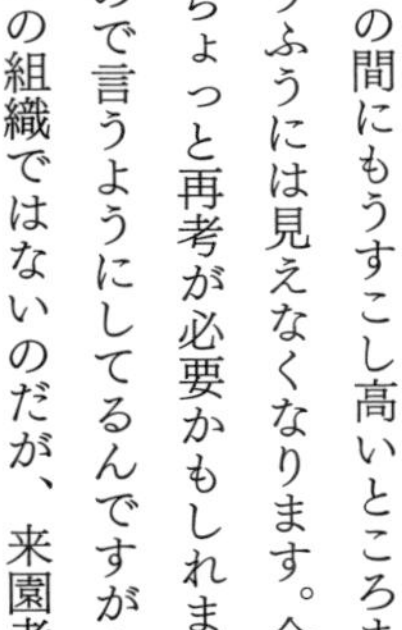

[13] **鳥は現場でどんどん変わる**
動物園では生きた動物を扱うので、様々な理由で展示動物が入れ替わります。鳥類は多種混合飼育の場合も多く、移動も比較的楽なものが多いので、哺乳類よりも変動の頻度が高くなる傾向にあります。保有種の多い園館では、キューレーターでもコンピューターでチェックしたり現場に聞いたりしないとわからない場合も珍しくありません。(本)

たしかに、種名パネルが間違っている展示というのは嫌だ。間が抜けている。日本だと、展示している種が変更されても、飼育員がちゃっちゃっと手描きのパネルなどを作ってうまくやるだろうから、その点は皮肉にも日本の方が「正確」だ。種名パネルと動物が合わない状態を放置するのは、「飼育して、見せる」動物園の役割として屈辱的なレベルのことだと認識されている。

それなのに「コンゴ」のようにしっかりとしたコンセプトのもとに作られている展示の場合、手描きのサインなどはその世界観を壊すことにもなりかねない。だから、ブロンクスでは、すべての種名パネルを展示グラフィックス部門で作る。そのために自前の「サイン工房[14](Sign Shop)」まである。そこに妥協はない。ただし、それがゆえに「種名が合わない」ことが放置されることがあるというのは、本当に皮肉もいいところだ。

アンゴラコロブスに別れを告げて、すこし足を進める。

いきなり倒木が現れて、道を塞がれた。もちろん、人工的に作った擬木なのだが、そういうことに関心ない人は、自然な倒木を使ったと思って疑わないだろう。

「コンゴ」の小径は、こういった「いきなり」の連続だ。

擬木は中空になっていて、いわば「木のトンネル」を通って先へと進むことができる。

1998年、工事中ではあるもののこの擬木がすでに出来上がった状態の「コンゴ」を見学した時、ぼくは、これを「ドラえもんの土管」だと思った。正確には、「ドラえもんのどこでもドアのような土管」。とにかくここをくぐれば、「コンゴの熱帯雨林」にたどり着く仕掛けなのだ、と。

すでにアンゴラコロブスと出会い、「気分はもうコンゴ」なはずなのだが、さらに深く深く、鬱蒼とした熱帯雨林へと飛び込むことになる。

14 サイン工房　大雑把に言うと、マネジャーを入れて3、4人というのが通常の陣容です。かつては正規職員がマネジャーも入れて最低3人はいましたが、リーマンショック以降は正規職員の数を最低限にしています。必要に応じて非正規・アルバイトを雇って対応します。マネジャーは美大出身。舞台美術をやっていた人やサインの施工会社などでの経験がある人なども来ますが、そういう経験は絶対条件ではありません(工房の様子は136ページの写真も参照)。本

｜上｜「コンゴ」の冒頭を飾るアンゴラコロブスの展示
｜下｜「見えないネット」のはずが、この時はすこし目立っていた

オカピとフィールドキャンプ

倒木のトンネルを過ぎると、目の前にあるのはツタ植物が絡まった木立と小川だった。樹冠部から入ってくる光と、鬱蒼とした林床のコントラストにはっと息を呑む。

きっと、実際のコンゴの森というのはこんなふうなのだろうと単純に思う。「本物」を見たことがないので、確信はないものの、畏怖すら感じさせられる。ここを通り過ぎたら、もう、ぼくたちは完全にコンゴの熱帯雨林の中に没入してしまっている。

ふと、気づいたのは環境音だ。何か虫のさざめきのような音が響いている。さっきの「木のトンネル」のあたりから耳に入ってきた。それ以降、常に環境音があって、それも場所によって変わっているようだ。実際にコンゴ盆地でサンプリングされたものなのだと聞いた。

ここにはないはずの景観(ランドスケープ)だけでなく、音景(サウンドスケープ)までもがにわかに立ち上がる。視覚と聴覚をジャックされれば、だいたいの人が「騙される」のは、最近のVR機器を体験すれば納得できると思うのだが、ここではもっとマイルドな形で視覚と聴覚が刺激され続ける。いい感じに没入感が高まり、そこで出会うのはオカピだ。「イトゥリ(Ituri:オカピ保護区のある地名)フィールドキャンプ」と名付けられたビューポイントから、「オカピ・ジャングル」を眺めるという形になっている。

オカピは、とても希少な動物であり、IUCNの「レッドデータリスト」の分類では、絶滅危惧(EN)だとされる。ウガンダやコンゴにかけて分布していたが、ウガンダの個体群はすでに絶滅してしまったらしい。

姿形はというと……四肢にシマウマのような縞模様があって、褐色をした体つきはウマを思わせる。その一方で、やや細長い首は「キリンになりかけ」のようにも見える。20世紀になってから発見された数少ない大型哺乳類のひとつ[15]で、最初はシマウマの仲間とされたものの、のちの詳細な研究でキリン科に落ち着いた。キリンかシマウマかというのは、偶蹄目か奇蹄目かという「目」レベルでの違いだからかなり大ごとなのだが、初期にはシマウマ模様の毛皮しか標本がなく、誤認も仕方なかった。

オカピは気品ある佇まいから、ファンも多い。ブロンクスの場合、２０１１年に飼育下でメスのオカピが生まれて、大変、話題になったので、その後、赤ちゃんがだんだん育ってワカモノになっていく様子を追うメディアもあった。つまり、結構、有名な母子が展示にいる。

でも、この日、ぼくたちがほとんど一緒にまわることになった小学校の生徒たちは、「うわー」と声を上げ、茂みの奥にいるオカピを確認すると、さーっと潮が引くみたいに先へと進んでいった。結局、この先にいるはずのゴリラの吸引力がすごいというか、たまたま、この瞬間、オカピがわりと遠くにいて視認しにくかったからかもしれない。

ぼくとしては、希少なオカピの「ありがたみ」を感じてやまないので、遠巻きにじっくり見ていた。

このあたりで気づき始めたのだが、「コンゴ」を歩いていると、ブロンクス動物園の運営団体であるＷＣＳ・野生生物保全協会が、コンゴ盆地で実際に行っている保全活動について、かなり詳細にわかってくる。[16]「イトゥリの森」もＷＣＳの活動拠点で、オカピに小さな発信器をつけて行動を追跡する研究などが紹介されていた。きっともっと色々なことをやっているのだが、ここではわかりやすいものを選んでいる。のちのち、来園者は、自分が支援したい研究活動や保全活動を選ぶことになるのだから、こういうところを熱心に見て考える人もいるだろう。

―15―**20世紀になってから発見された数少ない大型哺乳類のひとつ**　有名なものだと、1章にも登場したハーゲンベックが1910年から捜索を行い、1913年に生きた個体の捕獲に成功したコビトカバがある（飼育例もあったがカバの奇形だと思われていた）。㊥

―16―**かなり詳細にわかってくる**　解説パネルできちんと説明するのに加えて、クリップボード型のサイン（76ページの写真参照）ではコンゴの展示解説のテーマとして、Discover・Inspire・Protectという3つのキーワードを色違いのロゴにして使っています（利用者には伝わりにくい使い方ですが）。それぞれ解説パネルの内容に合ったロゴと色を使うというデザインとなっているのです。㊍

| 右上 | WCSの活動を解説している

| 右下 | “Discover”というキーワードでまとめられた解説。こうやってオカピの行動範囲や食べものを「発見」しているのだと伝えている

| 左上 | トンネルを出ると、小川を渡る橋がある

| 左下 | オカピに出会う。緑が濃いのは「コンゴ」を貫く特徴。オープン時の説明では、展示全体で400種、1万4000本も、現地に似た種類の植物を植えたという

角度の問題

一方、本田さんは、ガチャガチャと音を立てて何か作業を始めた。

「毎朝、メインテナンスの人がやってしまうんですよね。これが正しい角度だと思ってるんじゃないかと。朝一番に来ると、必ずこうなっているんです」

本田さんが言うのは、種名と簡単な解説などが掲示されているパネルのことだ。

そのパネルは、ちょっと凝った方法で取り付けてある。

まず、金属の杭が地面に打ってあって、一番上に大きな輪っかがあるのを想像してほしい。その輪っかから、A4くらいの大きさのクリップボードがぶら下がっており、そこに、種名解説などが書かれている。

クリップボードをごく自然な状態にしておくと、垂直から30度くらい上を向いた状態で安定する。これが基本位置だ。でも、ちょっと工夫すると、真上を向かせることもできる。やれと言われても最初は失敗するくらい微妙な調整が必要なのだが、いったんぴたっと安定する角度を見つければ、そのまま上を向いている。そして、この何年か、毎朝、誰かが、必ずクリップボードを上に向かせてしまっているのだという。本田さんは、その状態を解除して、基本位置に戻していたのだ。

「向こうから歩いてきた人にとって自然に目に入る角度にしておきたいんですが、上を向かせると目に入ってこないんですよ。ましてや、子どもの背丈では、全然見えないってことにもなる。だから、上を向けないでくれって言っているんですが、なかなか改善しないんです……」

おそらく、それをやっている人は、よほど背が高くて、上を向けた方が見やすいのかもしれない。おまけに、よかれと思ったことを毎日やる几帳面な人でもあるだろう。などとプロファイリングをしつつ、そこにあるクリップボードは、すべて基本位置に戻した。

　すると、いきなり、別の学校の遠足の子たちがわーっとやってきて、さっそく、種名解説を読んでいるではないか！

　これにはびっくりした。

　本当に、クリップボードの取付け角度が変わるだけで、そこにあるメッセージが読まれたり読まれなかったりする。そのような繊細な気配りをもってできている展示なのだ。また、だからこそメンテが難しいという話でもある。植物のことも含めて、強く印象に残った。

パネルを基本位置に戻してまわる本田さん

　実は「オカピ・ジャングル」をもって、「コンゴ・ゴリラの森」の第1部はおしまいだ。ここまでは「ゴリラの森の仲間たち」にスポットが当たってきた。決して「前座」という扱いではなく、特に、ぼくはオカピに惹かれてやまない。「イトゥリ・フィールドステーション」にはベンチもあるから、オカピ好きは座ってじっくり楽しむといい。

熱帯雨林の宝物

　ここで通路はひとたび屋内に入って、「コンゴ」の第2部へと続いていく。

　岩を擬した入り口があるのだが、その直前のところには屋外展示のビューポイントがひとつあ

| 上 |「熱帯雨林の宝物」に入るとまず擬木の根が浸された水槽が目に入る
| 下右 | ボールニシキヘビの展示
| 下左 |「進化と多様性」を表現するために様々な甲虫類の標本を展示している

る。マンドリルやアカカワイノシシを見ることができるのをここでは覚えておこう。

その上で、岩屋の入り口をくぐると、「熱帯雨林の宝物（Treasures of the Rain Forest）」のコーナーが始まる。タイトルからも想像できるように、「熱帯雨林の生き物とその多様性を寿ぐ」といった雰囲気のテーマだ。

まず、部屋の中央に、淡水魚が泳ぐ大きな水槽がある。巨木の根っこがまるまる浸されていて、つまりコンゴ盆地の川に水没した森を再現している。そして、それらをぐるりと取り巻くようにして、爬虫類や昆虫やら、熱帯雨林の多様な生き物を紹介するコーナーが続いていた。主に標本を使って、ここは展示解説の塊みたいになっている。

「コンゴ」がデザインされた１９９０年代は、92年にブラジル・リオデジャネイロで開催された国連環境開発会議（地球サミット）で「リオ宣言」[17]が採択され、翌93年に生物多様性条約[18]が発効するなど、自然保護の新時代が始まったとされる。

キーワードは、「生物多様性」だ。

だから、たくさんの甲虫類の標本で「進化と多様性」を強調するコーナーがあったり、生物資源探査（Bioprospecting）の潜在的な価値を語るコーナーがあったり、当時、大いに語られた話題がちりばめられていた。

生きた動物としては、最大2メートルくらいにまで成長するボールニシキヘビがいた。コンゴ盆地のヘビの中でも大型のものだ。別のアフリカニシキヘビの展示では、動物の多様な能力ということで、赤外線感知器官（ピット器官）の機能を、サーモグラフィを使って画面に表示して見せていた。子どもたちは、我々もとその前に進み、「ヘビの感覚」で自分の姿が画面に映し出される

―17― リオ宣言
27原則から成る、「持続可能な開発」を進めるための基本原則。72年のストックホルム会議の宣言を再認識し、地球環境保全のため各国の主要セクター・国民間に新たな協力関係を確立することを目標としている。(川)

―18― 生物多様性条約
「生物の多様性の保全」と「持続的な利用」、「遺伝子資源から得られる利益の公正で衡平な配分」を目的とする国際条約。日本を含む約１９０の国が調印し１９９３年に発効した。実は、アメリカ合衆国は２０１９年時点でも批准していない。(川)

のを喜んでいた。これだけ人が寄ってきて、関心を示す展示というのは、それだけで成功だといえる。

「ただ、現状、ちょっと困ったことがあるんです。これ、映したい映像と左右逆なんですよ。99年にできた時には、ブラウン管のディスプレイでした。でも、機械を更新する時に液晶ディスプレイになって、縦横比も違うから、据え付けの構造を変えて対応しました。そういう音頭取りも、誰も他にやる人がいないので、僕がやっています。でも、その時に導入した液晶ディスプレイでは、なぜか画面の左右反転ができなくて」

ディスプレイの前に立った人が、まるで鏡をのぞくような感覚でサーモグラフィで映る自分自身を見てほしい。でも実際に出てくる画像は左右が反転したものだ。本田さんはそれを気にしている。

展示というのは、熟考した上でいくら完成されたものを作っても、やがて計算外の事態が起きる。常にメインテナンスモードの本田さんは、隣でごく普通に雰囲気に浸っているぼくとは凸凹な関係である。

マンドリルの食べものは何？

「熱帯雨林の宝物」に続いて、「インターコネクテッド・フォレスト（Interconnected Forest）」へ。いくつかの展示を通じて熱帯雨林の多様性を体感し、さらに次のセクションである「保全ショーケース」という保全テーマの展示へと移行するような作りになっている。

ここで、岩屋に入る前に見たマンドリルとアカカワイノシシに再会する。「マンドリルの森／アカカワイノシシの森」という放飼場は、結局、「熱帯雨林の宝物」の岩屋を包み込むように配置されており、まさにイマーシヴな作りになっていたのだと気づく。

マンドリルは、「コンゴ」の中では、アンゴラコロブスに次ぐ、第2の霊長類だ。白黒模様で上品なアンゴラコロブスに比べて、派手な色彩で独特の存在感を放っている。熟した果物のような赤い鼻、縦に線が入った青い頬、黄色い髭。それぞれ、アクリル絵の具のようなポップな質感でもあり、ひと目見れば忘れられない。動物に詳しくない人でも、写真を見れば、「ああ、あれか！」とわかってもらえるだろう。

展示解説で重視されていたのは、マンドリルの食性だった。先に見たアンゴラコロブスが、葉

｜上｜マンドリルが樹上から顔を出す
｜中｜コドモのマンドリルの姿も見られた
｜下｜この日は、アカカワイノシシも一緒に出ていた。いわゆる「混合展示」

食傾向が強く樹上で長い時間を過ごすのに対して、マンドリルは林床、つまり地面で過ごす時間が長い。食べものも果実、種子、昆虫類、小動物など多岐にわたる雑食ぶりだ。だから、彼らの食べものについて見ていくだけで、熱帯雨林の生物多様性とその中で成立する生態系のネットワークを強調することができる。

子どもの目に付きやすい高さに、樹脂で出来た葉っぱが張り付けてあった。めくってみると、下からむっちりした幼虫や、小さな果物など、マンドリルが好んで食べるものが、立体物として設置されているのが見つけられる。これが、結構面白いようで、子どもたちは下に何かが隠されていそうなものがあると、取りあえずめくってみていた。もっとも、調子に乗ってめくっていると、最後の3つ目の下に、毒蛇が潜んでいる。マンドリルにとっても、毒蛇に噛まれるというのは、かなりよくある死因だそうだ。樹脂の葉っぱをめくって毒蛇に当たってしまった子どもが、それなりに「おっ」というふうに驚いていたのが印象的だった。

回廊から保全ショーケースへ

やがて「インターコネクテッド・フォレスト」の通路は生き物がいる「展示」から、両側が壁の「廊下」のようなものになってトーンが変わる。進行方向左側の壁は開閉できて、冬になると開かれるそうだ。ゴリラの屋内展示で、寒い時期にはここにゴリラがいる。一方、右側は、保全にかかわる情報が写真を中心にずらりとならんでいる。これまで一貫して生物多様性の素晴らしさを謳歌する内容が前に出ていたのだが、「今そこにある危機」についての情報が浮き上がってくる。

　具体的に言うと、コンゴ盆地の森をめぐる様々な写真が掲げてあり、どのようにして野生生物たちが危機にさらされているのかを解説している。非常にショッキングな内容のものが多い。

〈伐採産業が森の奥に入り込み、道路を作る。農民は道路を伝って、森に分け入り、新しい農地を得るために、森を焼き払う。熱帯の土壌は、ほとんどの場合、長期間の農業に耐えられない〉

　こういったキャプションを添えられた組写真は、まさにそのプロセスをたどっている。道路ができ、木が切られ、農民が来て、焼き払い、やがて、森は人里へと変わる。

〈商業的なハンターが、これらの道を通って森深くへと入り込む。ゴリラは食肉にするために殺される。市場での価格は、1頭40ドル。中央アフリカでは、年間、100万トンのブッシュミー

｜上｜悲しい写真が並んでいる
｜中｜今まさに切り倒されようとしている巨木
｜下｜目立たないところにチェーンソーが置いてあった

ト[19]（野生動物の肉）が消費されている〉

その解説に対応する写真は、ボウルの中にごろんところがされたゴリラの頭部のものだ。物悲しげに目を伏せるような表情をしているが、体はもうない。そして、マーケットで後ろ脚を束ねられて逆さにぶら下げられている何種類もの草食動物。

気がせいた子どもたちは、走るように先へ先へと向かうし、大人だって足早に通り過ぎる人も多い。でも、たまたまゴリラの頭部の写真に気づいた人は、ぎょっとして一瞬立ち止まる。ぼくもそのひとりだった。

本田さんはここでは黙ったままで、ぼくたちは先へと進んだ。

回廊の先にある部屋に入ると、巨木がそびえていた。もちろん擬木だ。ちょうど大人の胸くらいの高さのところに、大きく切込みを入れられて、今まさに伐採されようとしている。

さきほど写真で見た森の伐採現場がいきなり現れたのである。

ここは照明を落として、巨木を際立たせる演出。

近づいてしげしげと観察すると、巨木の脇にはチェーンソーまで置いてあった。「２００歳の木を切り倒すのに、わずか20分しかかからない」と解説板に書かれている。

一方、巨木を取り巻く壁には、ＷＣＳがコンゴで行っている様々な活動が語られていた。いわく、たとえば、「地元の人々とかかわっていく（私たちは、アフリカの野生生物の将来を決める人々、つまり、アフリカの人々と、手を取り合って問題解決にあたります）」とか、「手付かずの土地（wild places）を守れ！（私たちは、アフリカの国々と協力し、野生生物にとって安全で永続的な「楽園」を作り出します）」などなど。

ぼくよりも上の世代の生き物好きには、ぐっとくる人が多いであろうカリスマ的研究者、

—19— **ブッシュミート**
アフリカではしばしば未開墾の森林地帯を「ブッシュ」、そこで得られる野生動物の肉をブッシュミートと呼ぶ。(川)

ジョージ・シャラー[20]（1933−）のコーナーもある。シャラーはWCSの援助でマウンテンゴリラを研究してベストセラー『ゴリラの季節』（小原秀雄訳、ハヤカワ文庫）を著した。WCSにしてみるとシャラーの活躍で、ゴリラの保全活動の礎が築かれた。シャラーが着ていたWCSのシャツなども展示されており、彼が今もアメリカのヒーローなのだとわかる。

とにかくここの「保全ショーケース」では、これまで知った、護るべき生態系のことや、迫り来る危機についての知識をこえて、どう行動すればいいかを語っている。その際、「対応策として、うちではこんなことをやっています」と伝えられるのがWCSの凄みである。

右か左か、作り直すか

「保全ショーケース」をひとしきり見てまわった後で、本田さんが口を開いた。

「この空間って、かなり問題があると思っているんですよ」と。

ぼくは、WCSの凄みを感じさせられる展示だと思っていたのだが、本田さんは不満を口にする。

「まず、空間的にものすごく問題があると思うんです。この木が真ん中にあるのは、要するにシンボルとしてというのはわかるんですけど、来園者は、木の右側か左側かどっちを通るかをまず選択しなきゃいけないんですね。そうするとせっかくここで保護・保全の解決策を提示したいのに、ちゃんと集中して見てもらえないっていうジレンマがあって。それから、解説の内容も、結構面白いことを言っていたりするんですが、オープンした1999年とはかなり状況が変わってきていて、実情にそぐわないところが出てきています」

—20—**ジョージ・シャラー**　マウンテンゴリラをはじめて野生のフィールドで長期観察し、ユキヒョウ、ジャイアントパンダといった動物の研究でも知られる。1964年の著書*The Year of the Gorilla*は、世界的なベストセラーとなった。WCSには多くのフィールドの研究者が所属しているが、ジョージ・シャラーはもっとも著名な人物といえる。80歳を超える現在も、本田さんと同じビルに、名目上のオフィスが残されている。（川）

空間構成の点は、たしかにその通りだ。ぼくは時間があったので、ぐるりと一周してすべてを見ることができた。でも、その間、通り過ぎた多くの人たちは、やはり、最初に選んだ側の半分しか見ずに部屋を出ていった。

では、実情にそぐわない部分とは、どういうことだろう。

「ここでは熱帯雨林の伐採を問題にしているわけですが、それだけでは語り切れない状況が出てきているので。今では、野生生物犯罪、ワイルドライフクライムと言いまして、組織犯罪がからんでいることが問題になっています。ペットにしても、象牙にしても、サイの角にしても、密売ルートを握っているのは、犯罪組織で、麻薬とか武器とかを扱っているのと同じ人たちなんです。そして、お金は国際的なテロ組織に流れていったりします。かつて、密猟している人たちは普通の現地の人たちだったんですけど、最近は、ハイテクの赤外線カメラやらGPSやらを持って、マシンガンで武装した連中が、フィールドに入ってきて動物をとって行くっていう状況になってきたので、ここに書いているようなことではもう対処できないんです」

いきなりとんでもなく深い「闇」を垣間見た気がする。

伐採をやめよう！　地元の人に力を！

みたいなアプローチでは足りない。相手は集団的な暴力を行使するマフィアで、背後には国際テロ組織とは……。まるでマンガのようだが、それがリアリティを持つのが、今、という時代だ。

「そういうわけで、このあたりは、さきほど、写真が掲示されていた廊下も含めて、まあ小手先じゃなくて、やり直した方がいいと考えて、きょうもたまたまそのミーティングがあったんです。僕たちが考えたプランの見積もりを試算したら、２００万ドルもかかるので、さすがに一度ではできない。じゃあ、細切れにやるとしたら意味があるのか、とか、そういう話をしているところですね」

具体的には、本田さんはどんなプランを立てたのか。ぼくが話した時点では、ざっくりとこんなふうだった。

「ここって、生きた動物がひとつもいないんです。ですから、一角に小さい哺乳類の展示を作って、また、別のところにヨウムの展示を作って、と」

本田さんは、「保全ショーケース」の入り口と出口に近いあたりを身振りで示した。

ちなみに、ヨウムは、とても知能が高いことで知られる大型インコで、ペットとして絶大な人気がある。日本でも、一羽、数十万円で売買されているのをよく見る。絶滅危惧種なので、現地でも野生のヨウムは捕獲禁止だが、実際には密猟されている。日本で普通に売買されているのは飼育下繁殖されたものという建前だが、それも疑わしいという。

「野生の個体に偽の繁殖証明書がつけられて取引されているものも多いとされています。先に述べたような犯罪組織との関係も指摘されているんです」と本田さんは述べた。

つまりヨウムは、21世紀のワイルドライフクライムにかかわる典型的な種だ。まさに「保全ショーケース」で深めるべきテーマがここにある。日本のペット市場にも大いにかかわっていることから、日本人であるぼくたちももっと知るべきことでもある。

「さらに、コンゴ盆地にあるＷＣＳの研究活動と保全活動の拠点〝ボマッサ・リサーチキャンプ〟で、Googleと一緒に撮影した３Ｄの３６０度カメラの映像があるので、それも見てもらおうというアイデアもあります。森の中からゴリラの群れがさーっと出てくるシーンをＶＲ（人工現実感）で見られるんですよ。ただ、そういう映像メディアを使ったプレゼンテーションは、この後の保全シアターもあるので兼ね合いをどうするかですとか、ゴーグルをつけて見てもらうなら、いくつ必要かとか、それでどれだけ人の流れが滞留するかとか。そんな検討をしていると、やっぱり、この真ん中の木が障害になるんですよね。本当に、中央ではなくて、ちょっとでも手前か奥かにずれていてくれたら、空間構成がとても楽になるんですけど」

ＷＣＳとGoogleが協力してコンゴ盆地で撮影した動画は、ウェブでも公開されている。[21] 残念ながらそれは2次元の動画で、３Ｄではないのだが、野生のゴリラの群れがカメラの前に飛び出してきて動きまわるものだから思わず息を呑む。もしもこれがＶＲで見られたら究極のイマージョン体験になるかもしれない。

もっとも、その後、本田さんに聞いたところ、やはり十分な予算が得られないので、残念ながらこのあたりの改修は棚上げになったとのこと。

保全の映画を見る

「保全ショーケース」のセクションから進むと、「保全シアター」に入る。

ここから、「コンゴ」の三部構成の最後のひとつで、直接、ゴリラに関係する展示だ。導入部として、7〜8分間の短い映画を見る。この章の冒頭で、国際野生生物映画大賞（非放送作品部門）を受賞したと書いたけれど、それはまさにこの映画のことだ。放送する目的ではないから、「非放送作品部門」である。

内容とはというと——

|21| ウェブでも公開されている
https://www.youtube.com/watch?v=LMomKIt1uWA

ゴリラの保全、だ。ＷＣＳ所属の研究者、そして、保全活動家らが次々に登場し、何より、野生のゴリラたちの映像が美しい。ぼくは二度目だが、一度目の時の記憶が薄れているので、すぐに引き込まれた。

もっとも、本田さんは、上映中から「うーん、ちょっと音響がおかしい。大きすぎて音が割れてますよね」と首を傾げ、終わるやいなや、音響関係のマネジャーにメールを出していた。

「さっきの、保全ショーケースのところも同じですけど、内容的にアップデートが必要なところがあるし、出てくる人たちも、もうみんなＷＣＳをやめて今は現場にもいない人たちばっかりだし。でも、これもお金がかかるから、ずっと後まわしになってますね」

たしかに、映画の登場人物がもう誰もいないというのは、やや間抜けな感じがする。その点を気にしていた人は多いのか、ぼくの訪問後、この映画はブロンクス動物園のケーブルテレビの「アニマルプラネット」で放送されているブロンクス動物園の番組とのタイアップを狙った内容に、一時的に差し替えられている。新しい映画は、野生ではなくブロンクスで飼育されているゴリラについて、特にシルバーバックの緑内障の手術に焦点を当てているそうだ。

映像コンテンツが更新されたのは何よりだ。しかし、ぼくにしてみると、それとは別に残念でならない点があった。

完成当初は実現していた保全シアターの演出が、今は省かれているのだ。

カーテンが開く前はまさに映画館のよう

順を追って説明する。

ここはすでに、ゴリラたちがいるエリアで、窓の外には放飼場がある。でも、上映中はずっとカーテンが閉まっており、はじめての人はそこに屋外施設があるとは思いもしない。上映が終わり、席を立とうと腰を浮かしたところで、さーっとカーテンが開く。

眩しい陽光に目を細めつつ、予期しなかった光景が広がっているのに気づく。「コンゴの森」が、映像の中ではなく、今、まさに目の前にあるのだ。それどころか、ニシローランドゴリラの群れが、わずか10メートルほど向こう側に、さっきからずっといたのだと知る。

衝撃だ。

存在感、という言葉がしっくりくる。

映像がいかに素晴らしくても、ぼくたちはそれが「今ここ」のことではないと知っている。その一方で目の前にいるゴリラたちは、圧倒的に本物だ。こういうふうに見せられたら、最近よく言われるような「映像で見れば充分だから、動物園はいらない」という意見はちょっと違うと感じざるを得ない。だって、本当に「存在感」がまったく違うのだから。

都市生活者が野生生物をめぐる体験を得る方法として、動物園と映像メディアが今は代表的なものだとすると、これらは「あれかこれか」という関係ではなく、相互に補完的なものになりうると示しているともいえる（もっとも、将来、VRの技術が簡便になって、「存在感」も含めてメディアが再現できるようになったら、この意味での動物園の存在意義は薄まるだろうとも考えていることは申し添えておく）。

ちょっと力こぶを作って描写してしまったが、つまり、今の「コンゴ」では、この仕組みが動いていない。カーテンは閉まったままで固定されていて、ただ映像を見るだけになっている。映像自体は素晴らしいとしても、あのドキドキを一度体験しているだけに、ちょっと解せない。なぜやめてしまったのだろうか。

よくよく聞くと、カーテンを動かす機械が壊れてしまい、しかし、これを作った業者ともう連絡が取れず、代わりに使えるものも見つからずに放置したままになっているのだという。オープンしてから、もうすぐ20年になろうかという歴史を感じさせる。長い間使う施設ではよくあることとはいえ、切ない。そのように嘆いていたところ、本書を取りまとめている途中で本田さんから連絡があった。「カーテンが直りました！」と。

というわけで、これからブロンクス動物園を訪ねる人は幸運である。この演出を存分に楽しんでいただければと思う。

さて、ここまでのんびり見てきた来園者なら、入り口から軽く1時間以上はたっている。その間に徐々に高まってきた期待が、ゴリラとの対面で一気に報われ、ここから展示のクライマックスが始まる。

最高水準のゴリラ展示

ブロンクスのゴリラ展示が、見せ方としても、飼育環境としても、世界最高水準であることは異論がないだろう。

どんな雰囲気か、なんとか描写してみる。

展示には、「ゴリラとの出会い（Gorilla Encounter）」という名前がついており、ニシローランドゴリラの群れがふたつ、合わせて20頭ほどが表に出ている。

室内からアクリルガラスごしに放飼場を見る形式で、ゴリラのいる放飼場も、来園者がいるスペースも、ゆったりとしている。

放飼場には、熱帯雨林の巨木をコピーした擬木があるだけでなく、本物の木に人工のツタを張りめぐらせて、景観を再現している。この施設の全体で使った人工のツタはトータルで15キロメートル以上と聞いたが、そのうちのかなり部分は、このゴリラ展示の中で使われているのだろう。また、擬木はゴリラが登ることができたり、自然物に見えるフィーダー（給餌器）を仕込んであったりして、環境エンリッチメントの面でも配慮されている。

ぼくは、1998年、オープンの前年に、ここに入れてもらった時のことを思い出す。まだ、アクリルの障壁はなく、展示内の擬木の仕上げチームが作業していた。木の幹に生えているキノコ類をエポキシ樹脂で作り、とても丁寧に彩色していた。その時の擬木が完成してここにあると思うと感慨深い。

一方で、人工ではない、生きている草木も多い。オープンした時に植えた植物は、施設全体で400種、1万4000点にのぼるそうだ。ゴリラの展示を見ているとそれが意味するところがよくわかる。つまり、至るところ緑だ。単に植えただけではなくて、保守のチームがとてもいい仕事をしているのだろう。ゴリラが、その辺に生えている木の葉をちぎって食べる光景もあちこちで観察できた。

非常に躍動感のある群れだ。

成熟した個体は、のんびりしていることが多いのだが、とにかくコドモたちが活動的だ。コドモどうしでも遊ぶし、オトナに相手にしてもらうためにまとわりつくこともある。そうすると、まったりしていたオトナも動き出す。くるくると局面がかわって、見ていて飽きることがない。群れ全体としては、常にどこかで動きがある。コドモたちの動きによって、群れが躍動し始めるのだから、やはりコドモの存在は偉大だと思う次第だ。

ちなみに、日本の動物園では、ゴリラ飼育はかなり残念な結末を迎えそうな気配が漂っている。ゴリラの飼育には、野生と同じような群れを作るのが大切だと１９８０年代から指摘されていたものの、日本国内ではなかなか実現せず、それゆえ繁殖も珍しかった。21世紀になってから、東京の上野動物園、名古屋の東山動植物園、京都の京都市動物園で、群れ飼育を実現して、繁殖の事例も増えたが、それでも、日本のゴリラ個体数の減少に歯止めをかけるには時すでに遅しだった。このままでは遠からず日本からゴリラはいなくなると、多くのメディアが伝えているから、知っている人は多いだろう。

広い放飼場のゴリラたちをやや見上げるような角度で見る

一方、北米や欧州では、たいていゴリラは群れ飼育されており、繁殖は普通のことだ。ブロンクス動物園が特別なのではなく、当たり前のように赤ちゃんが生まれる。同じシルバーバック（オス）の遺伝子を持ったコドモが増えすぎると困るので、ブロンクスでは、21世紀になってから、一時、繁殖をストップさせていたくらいだ。こういうことは、ゴリラのＳＳＰ（北米の共同繁殖計画）から、「しばらく繁殖をやめてほしい」「再開してもいいけれど、今度はこの個体を繁殖に参加させてほしい」といった要請が来ることになっている。「コンゴ」には、目下、赤ちゃんからコドモまで、複数個体がいる状況なので、コドモがほとんどいなかった一時期に比べて、来園者の満足度は上がっているのではないかと思う。

実際、躍動するゴリラの群れを前に来園者たちは興奮する。

ぼくたちが歩いていた時間帯は、遠足の子どもたちが多く、ガラスにかぶりつきになっていた。ゴリラのオトナがガラスの近くでくつろいでいると、それだけで、ヒトの子どもたちはその巨体に寄っていって声をあげる。

一方、人間の大人の来園者はというと……だいたいは、似たようなものだ。多くの人たちが子どもの後ろから顔を寄せて夢中になっていた。もっとも、のんびり見たい人たちも一定数いて、ちょっと離れた高くなっているところ（アッパーギャラリーと呼ばれる）にあるベンチで、のんびりとゴリラの群れを見ていた。

これまで展示解説のことをかなり密に見ながら来たわけだけれど、ここでぼくは、注意力をすべてゴリラに持って行かれた。本当は、飼育個体の紹介や、何を食べているかとか、あれこれと解説してくれていたのだが、まるっきり目に入らなかった。展示全体のランドスケープにうまく溶け込んだ解説は押し付けがましくなく、集中すると「消えて」くれる。そんな体験をしたのだと思う。

ジュリアと再会する

「コンゴ」のゴリラは、2群いると書いた。

つまり、「コンゴ」のゴリラ放飼場は、ふたつある。

巨大な擬木がその間にあって、来園者側からは境目だとわかりにくくなっている。また、擬木の奥には池があり、ふたつの放飼場はとりたてて人工物を置くことなく隔てられている。

順路から見て、奥の方の2群目で、ぼくは懐かしい再会を果たした。

ぼくがブロンクス動物園によく通っていた時に、気になっていたメスのゴリラ「ジュリア」だ。やや大柄で、メスにしては肩幅が広い。頭頂部がちょっと出っ張っていて、そのあたりの毛が赤茶けている。顔つきは端正だ。堂々たる体軀の美しいゴリラだ。

ぼくが知るジュリアは、古いゴリラ展示の放飼場で、なぜか食べたものを吐き戻す行動を繰り返していた。ゴリラは野生でも吐き戻し行動を見せるそうだけれど、ジュリアの場合は、とても頻繁で、前を通った時にしばしば見かけた。

それが今では、ぼくが見ている範囲内では一切吐き戻しをしなかった。これは、放飼場の環境が変化に富んだものになり、また、コドモたちがしょっちゅうやってきて「遊ぼう」と誘うので、そんな暇がないのかもしれない。

もちろん、ほんのすこしの時間観察しただけで、吐き戻し行動がなくなったとは言えない。気になって、本田さんに確認してもらったところ、やはり、現時点でも吐き戻し行動は見られるそうだ。しかし、頻度は少なくなっているかもしれない。97年から98年にかけて、ぼくはほとんど「前を通るたび」のレベルで、目撃していたのだから。

なお、吐き戻し行動がなぜ出るのかというのは、今も議論がある。つまり、よくわかっていない。「糖分の多い市販の飼料の影響」と考える人が多いそうで、いずれにしても、学習して身についてしまった行動なので無理に矯正するのもどうか、ということらしい。そういえば、ぼくが当時の飼育

| 上 | コドモにさそわれて、オトナも動き出す
| 下 | 放飼場の平和な時間

| 上 | ジュリアは、年齢にもかかわらず遊び好きと書かれている
| 下右 | 植えられた植物を食べている！
| 下左 | ガラスの前でリラックスしているゴリラには人気が集まる

員に聞いた時には、「吐き戻したものの食感を楽しんでいるようだ」というふうに言っていた。深掘りすると何か複雑な背景にたどり着きそうだが、ここでぼくが言いたいのは、久しぶりに会うジュリアの印象がまったく違っていたことだ。

かつては、神経質で、見た目にもよろしくない習慣を持ったゴリラという印象だった。18歳という若齢だが、ちょっと老けて見えた。

それが、今はどうだ。

ジュリアだと気づく前に抱いた最初の印象が、「ああ、立派な体格の美しいゴリラ」だった。年齢を計算するともう「アラフォー」で、ゴリラとしては初老といえるかもしれない。それなのに、体の色艶はよく、行動も堂々として、かつ楽しげだ。

解説のプレートには、彼女のことを「いたずら好きで社交的」と表現してあった。また「年齢にもかかわらず、遊び好きのパーソナリティを維持している」とも。２０１６年には赤ちゃんを産んでおり、そういう意味でも若々しかった。

ボランティアで来ている解説員（ドーセントと呼ばれる）のおばあさんと話したところ、こんなふうに言っていた。

「ジュリアは、ガラス越しの人間にもフレンドリーで好奇心旺盛ですよ。特に混雑している時など、人間の様子を観察しているみたいに見えますね。それから、子ども好きね。人間の子どもも、ゴリラのコドモも。目が合うと舌を出したりしますね」

そんなジュリアの近況を知ることができ、また彼女がコドモと遊ぶ姿をじっくりと見ることができて、ぼくはとっても満ちたりた気分になった。

ゴリラの知識が変わる、行動も変わる

感動の再会を終えて、ひとつ気づいたことがあったので、本田さんに聞いた。

ふたつの群れの放飼場の間だが、本来だったら、見えないはずの電柵がちらりと見えている。水を張った濠だけで隔離しているのだと思っていたのだが、これはいかに？

「電柵はもともとあって、今は、植栽がやせてしまってちょっと見えてしまっています。ゴリラが水の濠を渡らないというのは、たしかに設計した時の常識でした。ところが、ここで生まれた若い個体の中には水が張ったところに入るものも出てきたんです。それとほとんど同じ時期に、まさにＷＣＳの研究者が、野生のゴリラが水につかる行動や、棒を使って水深を計るような行動を見出して、野生でもやっているのだとわかりました。どんどん知識が更新されていくというのを、身をもって経験させられました」

動物園はしばしば、動物の「習性」をうまく利用して展示を設計する。「コンゴ」のゴリラ展示の2群を水のみで隔てているというのはぼくの勘違いだったけれど、一般に水を避ける傾向がある霊長類の放飼場を水濠で区切る方法[22]はよく使われている。池の上に浮いた「霊長類の島」にサルがいる展示を見たことがある読者も多いのではないだろうか。水に入り始めたコンゴの若いゴリラたちは、ある時、濠を渡ってしまい、さあ大変だということになった。

「やっぱりここで生まれて育った子たちは、だんだん恐れ知らずになってきていますね。水に入るだけでなく、周りを散策するようになってきました。展示ができた頃よりも木々が伸びてきたので、それらを伝って後ろの擁壁の外に出てしまうのではないかという懸念も出てきました。そ

―22― **霊長類の放飼場を水壕で区切る方法**
左の写真は多摩動物公園のチンパンジー舎。多摩の最初のチンパンジー展示（昭和38年）も島でした。ブロンクスで1950年に初めて無柵放養式のゴリラ舎を作った時、前面の水モートの水深を約180センチとしましたが、翌年のある日曜日の午後、大勢の観客の前でオスのマココがバランスを失って水に落ち、そのまま沈んで救命努力もむなしく死亡するという悲しい事故がありました。㊍

れで、2群の間にコンクリートの壁を作ってくれと言い始めたキューレーターもいたんですが、そのキューレーターの上司がさすがにそれはいかんだろうと止めてくれました。まあお金もかかるので」

こういった、景観を大切にする立場はブロンクス動物園の伝統だ。さすがにコンクリートの壁はそぐわない。ただ、ぼくとしては、電柵が見えていること自体にもすでに違和感を抱いていた。1997年に施工の時点で見せてもらった際にも、その後、はじめて完成後に訪ねた時にも、人工物を排した景観の再現は「コンゴ」のアイデンティティというような扱いだった。最近そこに変化があったのだろうか。

「コンゴを作ったWCS元会長のウィリアム・コンウェイがトップにいた頃は、たしかに、いいかげんなことは出来ませんでした。でも、彼がいなくなって変わったことはありますね。動物のマネジメント側は現実的に考えますから、あまり展示部門に相談しないで、自分たちで色々やっちゃったりします。それを展示部門では苦々しく思っていても、一旦、実施されてしまうと、なかなか変更するのは難しくて。たとえば、朝、ゴリラを展示に出す前に、キーパーが塩がついていないポップコーンとかも撒くんですけど、展示側の立場からは、かなり展示効果を削ぐので撒くものの種類と形態をちょっと考えてほしいということになります」

このあたりは、まさに「飼育と展示」の緊張関係の実例だ。

ポップコーンを撒くのは、作業の効率としても手っ取り早いし、ゴリラの採食エンリッチメントとしても、採食時間が延びるメリットがある。つまり、飼育の立場からは、手間をかけずに高い効果をあげるよい方法だ。しかし、展示側の立場から見ると、やめてほしくなる。せっかく熱帯雨林の景観を再現して没入してもらっているところにポップコーンがばらまかれていたら、「ここはやはり都市の中の動物園なのです」と冷水を浴びせられるに等しい。

「こういうものは程度の問題で、ジャングルワールドという展示では、キーパーが展示の中に動物が遊ぶためのブーマーボール（樹脂製の大きなボール）を入れたことがあって、さすがにそれはキューレーターがやめさせました。あと、さっきのポップコーンとかもそうですけど、野菜などもぱーっと撒くんですよね。結局、ゴリラが持っていくので散らばりますけど、最初くらいは展示の中で映えるように置いてほしいです。結局、エンリッチメントとしては、散らすことに意味があるので、両方の立場がわかる僕は、なんとかならないのかなぁとは思いつつなかなか言い出せないのが現状です」

本当にこれは難しい問題だ。

タイガーマウンテンのこと

なお、ここで「飼育と展示」にかかわるテーマをもうひとつ。ちょっとだけ「コンゴ」を離れて、「タイガーマウンテン」の話をしておく。

2003年にオープンした「タイガーマウンテン」は、「コンゴ」後にできた最初の大きな新展示だった。「コンゴ」で、ひとつの頂点をきわめた後で、どんなものを作ってくるのか世界中の動物園関係者が注目していた。その回答が「タイガーマウンテン」だった。

ぼくははじめてその内容を知った時に思ったのは、「イマージョン全盛期は終わったのかもしれない」だった。というのも、新展示のオープンを告げるウェブサイトには、ブーマーボールで遊ぶアムールトラの姿が映っていたからだ。

「コンゴ」で人工物を徹底的に排するこだわりを見せたブロンクス動物園だが、「タイガーマウンテン」で積極的に人工物を入れて、環境エンリッチメントに役立てようという方向に舵を切ったのではないか。その背景には、景観を重視する展示の立場と、よりよい飼育を求める飼育管理の立場が、時々、ぶつかってしまうことが、そろそろ無視できなくなってきたのではないか、と。

本田さんは、2000年にブロンクス動物園に来ているので、この展示の設計の意図を知りうる立場だ。ぼくの解釈は正しいだろうか。

「僕がかかわったのは、全体の構成ができた後で、いかに展示体験のストーリーとしての破綻を防ぐか、みたいな点に気を配る立場だったんですが――」と留保しつつ、本田さんはこんなふうに続けた。

「放飼場がふたつあって、片方では動物園でトラのために何をしているか、主にトラの福祉の観点で伝えようとして、もうひとつでは野生のトラのために何をしているかというテーマでした。展示というのは、かなりのお金をかけて作るので、その際には何かきちんと展示意図と、伝えるべきメッセージを決めて作るのが大前提で、タイガーマウンテンは、それらが両輪だったんですね。遊具が入っているというのは、ふたつのうちのひとつでした」

つまり、「展示と飼育の対立」が問題になったからというわけではなく、そもそもの展示意図として「飼育下での動物福祉」を主題のひとつに据えたということだ。近年、動物福祉についての意識が高まっており、動物園でどんなケアをしているか見せるというのは理にかなっているだろう。また、これによって、展示意図の追求と、遊具などの人工物を使ったエンリッチメントが矛盾しないことになって、ぼくが見た「ブーマーボールとアムールトラ」の画像につながった。

というわけで、タイガーマウンテンのふたつの放飼場のうちのひとつでは、環境エンリッチメントについて大々的に紹介している。穴がたくさん空いた大きなチューブ、ボールに肉片などを入れるフィーダー、引っ張り遊びができるスプリング付きの遊具、草食動物の匂いを不定期に展示内につけておく工夫など、実際に取り入れている手法を観覧スペースにも設置して、来園者が体験できるようにしてある。

また、ターゲットを使ったハズバンダリートレーニング[23]も見せている。ハズバンダリートレーニングとは飼育動物の管理を容易にするために行う一連の訓練のことだ。様々な手法がある中、「タイガーマウンテン」では、ターゲットを使う訓練が行われている。ターゲット（棒の先にボールをつけたものなど）を差し出して、それを体のどこかで触るごとに褒美を与えて望む行動を定着させる。一見、遊んでいるようにも見えるが、詳しく観察したい部位を差し出してもらえるようになれば、それだけでも健康管理に大いに役立つ。さらに発展形として、麻酔なしに検温や採血や投薬に応じてくれるようになればなおよい。

ぼくが97年から98年に取材した時には、ブロンクス動物園ではすでにホッキョクグマなど大型の肉食動物を中心に導入されていた。ただ、それらは、動物の寝室で行われていて「見せるものではない」と認識されていた。一転して、タイガーマウンテンでは、テーマに沿って見せるべきものになったわけだ。トレーニング中の光景は、飼育員とトラが楽しげに交流しているようにも見えることもあって、とても人気のあるプログラムになった。実施時間を発表すると、人が集ま

―23―ハズバンダリートレーニング　最近、日本の動物園でもハズバンダリートレーニングは普及しつつあって、積極的に見せているところもある。福岡県の大牟田市動物園がよく知られているが、他にも取り入れているところは多い。今度、地元の動物園を訪ねた時に、その園でも行われているかどうか聞いてみるといい。(川)

りすぎて困るので、今は時間を告知しないことにしているほどだ。

というわけで、ぼくが最初、「人工物を入れて、環境エンリッチメントに役立てようという方向に舵を切った」と感じたのは、かなり「言い過ぎ」で、むしろそのような展示意図を持って作ったから、エンリッチメントもハズバンダリートレーニングも見せていると言うのが正しい。それは、「コンゴ・ゴリラの森」が、「コンゴ盆地の生物多様性を理解して、生き物たちの保全のために何ができるか知る。さらに行動する」というテーマを追求してあの形になったのと同じように、ここでは「動物園でトラのためにできること」がひとつの展示テーマとして追求されているのだった。

もっとも、「コンゴ」で起きたことが、やはりタイガーマウンテンでも起きている。

「ふたつの放飼場のうちの片方はトラのケアを見せるために人工物を入れるけれど、片方は自然に見せようという了解のもとにデザインされてスタートしたはずなんですが、今では両方をブレンドしてしまって、展示効果としてはちょっとおかしなことになってしまっています」

展示は出来上がると、日々の運用は飼育側に委ねられるので、現場での作業効率や、環境エンリッチメントについての考え方など、様々な要素を反映して、結果としてはすこしずつ違ったものに変わっていくことがある。おそらく最初の意図をひたすら貫くことが最善というわけでもなく、かといって飼育の都合だけが優先されるとおかしくなるのも間違いなく、結局、運用の中で柔軟に対応すべきことが多いのであろうというふうに解釈しておく。

｜上｜全体的にナチュラリスティックな作りだが、人工物も見える
｜下｜トラが爪を研いだ跡がありありと見える

保全のための選択ギャラリー

ふたたび、「コンゴ」について。

ゴリラを見るホールから出て、ガラス張りの回廊へ。

擬木の倒木（擬倒木？）をくり抜くような導入部から緑の回廊に突入すると、ゴリラのジュリアがいる第2群の放飼場の中を突っ切っていくことになる。このあたりは、生息地の中に入っていって、ゴリラに遭遇するイメージだろうか。

実際、ガラスの際《きわ》まで、ゴリラが出てきて食事をしたり、のんびり休んだり、遊んだりしているので、実に楽しい。

ここで、またジュリアに会うことができた。まとわりつくコドモと遊んでいて、微笑ましかった。しばらくその様子を眺めた後で、「コンゴ」の大団円である最後の部屋へと向かう。「保全のための選択ギャラリー（Conservation Choices Gallery）」というのがその名前だ。

情報端末のブースがいくつもあって、これまで見てきたことをもとに、自分が援助したい保全プログラムを選ぶ。

具体的には、ゾウ、ゴリラ、オカピ、マンドリルといったふうに、支援したい動物をまず決める。さらに、「その動物のニーズを知る（調査研究）」、「地元の人々を保全活動に引き込む」、「生息地を保全する」といった中からひとつを選んで投票する。

決定してボタンを押すと、チャリンとお金が落ちるような音がして、自分が支払った6ドルが、実際に保全プログラムに支払われたような演出がなされる。自らの選択でお金の行き先を決めることによって、アフリカの保全活動に対する意識をより主体的なものにするのに役立つと期待されている。自分が支援するプログラムを選んだ人は、「ちょっと貢献できた」という実感を得て、また、その動物や地域について、関心を深めてくれるかもしれない。本当にそうなら素晴らしい。

ちなみに、1人につき6ドルの追加料金というのはばかにならず、これまで毎年80万ドル以上もの保全活動資金が「コンゴ」から得られたという（2015年に刊行された「120周年記念誌」より）。簡単のため1ドル＝100円換算で考えれば、年間8000万円だ。これが20年続いたとしたら、トータルで16億円にもなる。

タッチパネル式だ

実は、「コンゴ」を作るために費やされたお金は40億円以上とも言われるので、「その40億円を直接、アフリカでの活動に使った方がよかった」という意見はありうる。でも、これは「ブロンクスに新しいゴリラの飼育展示施設を作る」という名目がなければ集まらなかったお金だ。「直接援助」に振り向かせられるかというとかなり無理がある。それよりも展示を通じて、市民の意識を変える効果を評価すべきだ。そんな議論の応酬を、動物園擁護派と、批判派がかわすのを見たことがある。

なぜ、こんなことを話題にしたかというと、実はゴリラ展示に入る前から、ずっと気になっていた人たちがおり、ちょうどこのギャラリーで再度、一緒になったからだ。

NY ♥ gorillas
Meet Ngoma & Tambo

| 右 | いかに美しい景観かわかってもらえるだろう
| 左上 | アカカワイノシシの頭骨模型
| 左下 | マンドリルは何を食べている？（右） 次々と葉っぱをめくってみると（左）

動物園をチェックする人たち

その女性たちは、おそろいの濃い緑のTシャツを着ていた。

熱心に展示を見て、話し合い、写真を撮り、メモを取っていた。

遠足で来ている子どもたちは、足早に通りすぎてしまうけれど、ぼくと本田さんは展示の前で話し込み、緑Tシャツの女性たちは、撮影し、メモを取る。

そんな関係で、しばらくほとんど同じペースで移動していた。

近くにいたものだから、ぼくはついつい彼女たちの話に耳を傾けた。

「この展示は幸せそうね。悲しいけど」

ひとりがそのように言った。

ゴリラのコドモが活発に動きまわっているところだった。

ぼくは、すこし頭が混乱して、「幸せ」と「悲しい」が同時に出てくる複雑な背景に思いをはせた。

「幸せ」というのは、展示というよりも、つまり、ゴリラたちのことだろう。遊んでいるコドモたちを見ていたら、たしかに、「幸せ」そうに見える。

一方で、「悲しいけど」というのはどういうことなのか。

「幸せそう」であること自体が「悲しい」というのは、ちょっと無理があると思うので、たぶん、「動物園で飼育されている」ということ自体を「悲しい」と表現したのではないだろうか。そんなふうに感じつつ、話しかけることもせずに、結局、最後まで近くにいた。

いよいよ出口に近づいた時、緑色のTシャツ[24]の背中がはっきりと見えた。

日本語と英語の単語がプリントされていた。

〈COVE GUARDIANS　シーシェパード〉

なんという偶然！

ぼくたちが気になっていた女性たちは、日本の調査捕鯨やイルカ漁に反対する過激な団体シーシェパードのメンバー、もしくは、協力者だったらしい。

わざわざ日本語で「シーシェパード」と書かれたTシャツを着ているのは、ひょっとすると、イルカ漁が行われる和歌山県太地に赴き、反対運動をしたことがあるのかもしれない。〝COVE GUARDIANS（入江の守護者、の意）〟とは、太地のイルカ漁を告発した映画〝The Cove〟[25]に呼応して現地入りし、反対活動、監視活動をした人たちが名乗ったものだと理解している。

なお、シーシェパードそのものは、「動物園・水族館での飼育反対！」というキャンペーンを張っていない。しかし、イルカ漁批判の背景では、捕獲することどころか「飼育も悪」という感覚がすでに勃興している。ちょうど日本のイルカ漁に注目が集まった時期に、アメリカの「シーワールド」グループは、シャチ飼育を批判され、ショーの中止と、シャチの繁殖の中止に追い込まれた。シーワールドでは、今いる世代が最後の飼育下シャチになる。また、カナダのバンクーバー水族館は、２０１８年1月、鯨類飼育をやめる決断を下した。２０１６年に2頭のベルーガ（シロイルカ）が立て続けに死亡したのをきっかけに鯨類飼育反対の市民運動が勢いを増し、水族館の運営を管理する公園局の理事会も公園内での鯨類飼育をやめるべきだという議決をした。水族館側は飼育継続を主張したものの、さらに立て続けに、飼育していたネズミ

24　Tシャツ

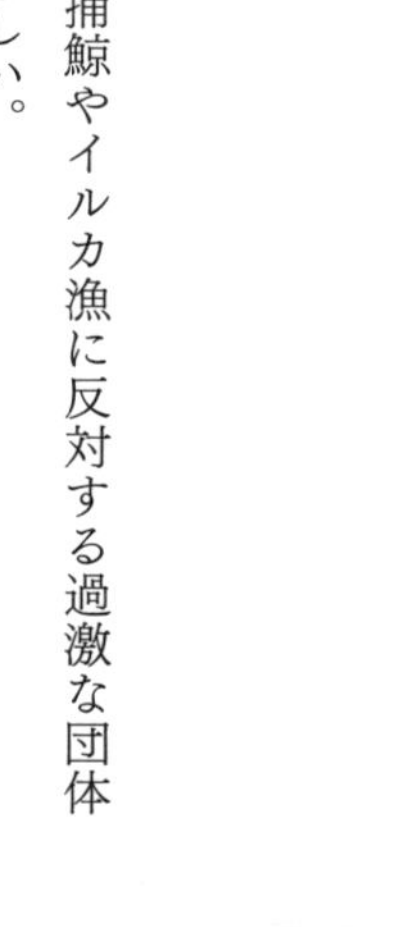

25　映画〝The Cove〟
監督ルーイー・サイホイヨス、2009年公開のアメリカ映画。アカデミー賞長編ドキュメンタリー部門を受賞。盗撮やリモコン飛行機などを使って入江（the Cove）の奥深くで行われるイルカ漁の現場を報告した。海が血の色に染まるなど残酷でショッキングなシーンで衝撃を与えた。（川）

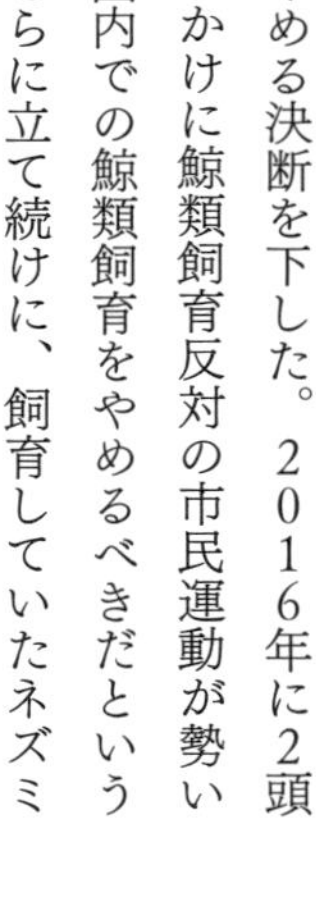

ネズミイルカのデイジー（上）とオキゴンドウのチェスター（下）。ともにバンクーバー水族館で飼育されていた

イルカとオキゴンドウが亡くなった後、判断を変えて鯨類飼育からの撤退を決めたのだった。

陸上の動物についても、すでにゾウの飼育を諦める動物園が、北米では増えてきた。ゴリラなどの類人猿飼育も、批判的な視線にさらされている。

そんなわけで、ブロンクス動物園には、常に一般の来園者に混じって、批判的な目で動物園を見る人たちが来園していると思っていい。ぼくと本田さんが「コンゴ」で出会ったのは、まさにそういう人たちだったわけだ。

野生への「窓」を超えて「門口」へ

動物園に対する批判的な視線を常に意識しつつも、自らの存在意義を高める戦略[25]をとってきたのが北米の動物園だ。希少野生動物をわざわざ都市環境で飼育することについて、どのような意義があるのか絶えず問われているのを自覚し、それをむしろバネにして飛躍してきた。

ぼくは、本田さんと一緒に2時間半ほどかけて「コンゴ」を見てまわる間、期せずして、ずっと批判者側の尖った問題意識の持ち主と隣合わせにいたらしい。もしも、彼女たちが典型的な動物園批判の論客だったとしたら、動物園を擁護する立場からは、こんなことを指摘できるだろう。

〈共同繁殖による種の保存計画が、ニシローランドゴリラやオカピのような絶滅危惧種ではとても大切なこと〉

〈「コンゴ」は毎年かなりの額の保全活動の資金を集めていること〉

〈展示を通じて、熱帯雨林の生態系についての情報や体験を提供していること〉

それに対して、想定される反論はこんなふうだ――

〈共同繁殖をしても、いずれ野生に戻す「野生復帰」は難しい。生息地そのものが無くなっているのだから。現状は、動物園で見せる動物を維持するために繁殖させているのではないか。繁殖させるなら狭い動物園ではなく、野生のサンクチュアリを作ってやれ〉

〈お金のことを言うなら、大きな展示を作る金額をそのまま保全活動につぎ込んだ方がいい〉

〈動物園で得られる野生動物に関する体験は、しょせんまがいものである〉

などなど。

こういった議論を踏まえて、本田さんなりの回答はどんなものだろうか。

「今や、地球の全人口の約半分が都市生活者です。そんな中で、動物園は野生らしきものとの最

―26― 自らの存在意義を高める戦略
希少動物の繁殖に関する最初の国際会議が1972年に開かれたのは、自発的な理由だけでなく野生動物の「消費者」という批判が高まった結果でもあるはずです。1979年に僕が最初にアメリカの動物園を見てまわった時、まったく別組織のサンディエゴ動物学協会とシーワールドが共同で「動物園・水族館はこんなに立派な仕事をしている」というス広報キャンペーンのスタンドを出していたのを鮮明に覚えています。そんなことをする必要があった。AZAの市場調査では動物園水族館に対する好感度は低下が続いています。本

後の接点のひとつです。飼育下で繁殖したものを野生に戻すのは夢物語に近いという現実に目覚めた時、動物園という施設の存在意義は、何よりも都市生活者にとっての野生動物の世界、自然界への〝窓〟を提供することにあるのではないでしょうか。そんな議論は前からあったのですが、2005年あたりから、当時のWCSの会長が〝保全への門口《かどぐち》（gateway to conservation）〟という言い方を始めました。つまり、〝窓〟を超えて〝門口〟なんです。僕たちが見据えているものは」

　動物園は、野生動物の世界とその保全活動へのゲートウェイ、門口であるというのがひとつの回答だ。もちろん、それに納得しない人もいるわけだが、よく言われる「窓」ではなく、その先へ至る「門口（Gateway）」を目指すというのは、動物園を通じてよりよい未来を創ろうという強い意思の表明でもある。

「さらに、僕は、自然体験への門口だと思っています。動物の飼育を否定したり、動物に人間と同様の基本的権利を与えようとする人たちは、自然のプロセスというものを知らない完全な都市生活者で、自然というものを実態から離れたファンタジーとして見ていると思います。〝自然欠乏症候群〟というやつです。だったら、動物園や水族館は、都市生活者が感覚的・身体的に自然に触れることができる体験を提供しなければならないんじゃないでしょうか。これは、通常の〝ただ動物を見る〟という動物園水族館の体験とは違うので、本格的な取り組みはまだまだこれからの話なんですが」

　これはすごく大きな話だ。従来の動物園、水族館の範囲を超えている。けれど、本田さんの頭の中には「自然体験への門口」であるためにはどうすればいいのか、という考えが常にあり、本書の中でも、のちのち、大きなテーマになっていく。

第3章

動物園ボランティアから動物園プロフェッショナルへ！

踊るツルのカフェの裏側で

「コンゴ・ゴリラの森」でゆっくりと時間を使ってしまい、遅めのランチを食べる。ブロンクス動物園の中で、一番大きな飲食施設である「踊るツルのカフェ（Dancing Crane Cafe）」を目指して歩き、そこのちょっと奥まったところにある職員用食堂（Staff Dining Room）に案内してもらった。ライ麦パンのサンドウィッチを食べつつ、本田さんと対話を続けている。

職員用食堂なので、本田さんの顔見知りも多い。「ハイ！」と挨拶して、しばし近況について話し合う。飼育員の女性が「この前のオークションは、良い値がつきました」と報告してきた。本田さんは、アメリカ動物園飼育者協会（AAZK: American Association of Zoo Keepers　全米の飼育員組織）が開催する、飼育職員サポート資金集めのためのサイレント・オークション[01]に、自分自身が描いた動物画の原画やプリントを提供してきた。それが人気で、毎回、収入源としてかなり当てにされているそうだ。

また、管理職の姿もある。「あの人は、哺乳類部門のキューレーターで……」というふうに本田さんが教えてくれる。ブロンクスには、哺乳類、鳥類、両生爬虫類の部門があって、それぞれの

01　サイレント・オークション　声を張り上げて行うオークションではなく、出品物の前に置いた紙に競り値を書き込んでいく。慈善活動の募金集めなどに用いられることが多い。(川)

飼育員の協会のサイレント・オークション風景。右上と右下に本田さんの絵のプリントがある

トップがキューレーターだ。さらにすべての飼育部門を束ねる存在として、ジェネラル・キューレーターという立場の人もいる。たいていは高度なトレーニングを受けた専門家で、大きな動物園になると博士号を持っていることが必須の場合も多い。「動物学協会」が運営母体になるような動物園において、キューレーターは現場の専門性や学術性を体現する役職だ。日本では飼育課長の名刺に、英訳としてCuratorと書いてあることが多いが、かなりニュアンスが違う。

　ましてや、本田さんがいる展示部門は、相当する部署が日本の動物園にはない[02]。そこで仕事をするというのはどんなふうだろう。

そもそもどんなふうにたどり着いたのか。食後のコーヒーをいただきながら、会話は自然とそのあたりのことをめぐった。

動物園少年がジャングルワールドに出会うまで

「子どもの頃から、動物と動物園が大好きでした。動物学者とか、動物写真家とかそういうものに憧れていたんです。動物学者に関しては、理系の成績があまりにも悪くて、早々に諦めました。数学とか物理化学がまるでダメで。じゃあ、写真家はどうかというと、それで食べていける可能性は低いかなと思いました。自分の才能としては、写真よりはイラストの方が、食べていくのが

―02― **日本の動物園にはない** 日本では展示を担当する部署どころかそういう担当者を持つ動物園はほとんどないと思います（「工事課」はカウントしません）。普及教育担当者が不在の動物園も少なくありません。新たな展示を作る計画においても普及教育の視点を代表する人間は不在です。解説をデザインに組み入れることはおろかコンテンツを考えるプロセスもなく、そうしたことは業者に丸投げでただ飼育施設としての設計と工事が進められるというのが実情です。水族館では展示部門が存在するところがあるのと対照的です。本

難しいのには違いなくても、まだすこし可能性があるかもしれないと早めに気づいて。だから、絵を描く仕事で動物関係の仕事に就きたいという夢は持っていたんです。大学は商学部でしたが、大学のサークルには参加せずに、東京動物園ボランティアーズ（TZV）で活動していました」

東京動物園ボランティアーズは、1974年にできた日本最古の動物園ボランティア組織だ。東京都の動物園・水族園、つまり、上野、多摩、井の頭、葛西の各園などで、40年以上にわたって教育普及活動を続けている。東京都の動物園を訪ねた時に、スポットガイドと称して、骨格標本、毛皮や角、写真パネル、時には実物大のぬいぐるみまで使って解説をしている人たちを見つけたら、それらがTZVのメンバーだ（なお、葛西臨海水族園のみ、2007年からTZVを離れ、「東京シーライフボランティアーズ」になっている）。

本田さんは、TZVの「3期生」で、大学時代だけでなく会社に入ってからも、休日は動物園ボランティアに明け暮れた。相当な入れ込みようで[03]、本田さんにとって、それだけ刺激的な環境であったことは想像に難くない。後からしてみると、「動物園で伝える」仕事の初期トレーニングをここで受けたともいえる。

「僕は、来園者に向けた説明をどうやったらよりよくできるかに関心があって、今から思うとちょっと知識偏重だったかもしれません。動物の形態的な特徴に興味があるので、自分で撮ってきた写真をバインダーに入れて整理したものなどを使って、目一杯説明していましたね」

後でそのバインダーの写真を見せてもらったのだが、ゾウの鼻、牙、耳などのディテール、ウシ科動物の角のバリエーションまで、実にマニアックかつ「伝えたい！」という意欲に溢れている。TZVは、本田さんにとって若い情熱をそそぎ込むに足る場だったのだろう。

03 **相当な入れ込みようで**　「入れ込んで」いたのかどうかは知りませんが（笑）、募集委員、幹事、副幹事長などをずっと担当していました。月刊のニュースレターにもすこし絡んでいたし。TZVの活動以外にも、学生時代には授業が少ない日は三田から上野動物園に行って、図書室の本や資料、写真のライブラリーを漁ったりしていました。本ボランティア仲間からは、その後、動物園に就職する者も出た。また、本田さんのことを「TZVが世界に送り出した人材」と感じている人もいる。それこそ、日本のプロ野球が、野茂英雄やイチローや松井秀喜やダルビッシュ有や大谷翔平をメジャーリーグに送り出したように。

もっとも、本田さんにしてみれば、東京でのボランティア時代からアメリカの動物園にたどり着くまでには、紆余曲折というか、長い時間が必要だった。

「印刷会社に入って、入社4年目、1984年にニューヨーク勤務を拝命しました。着任してしばらく動物園には行かなかったんですが、ふとした時にテレビでブロンクス動物園のコマーシャルを見て、『なんで、飼育下ではなく野生のテナガザルの映像を使ってるんだろう』と思ったんです。そのうちに、実はこれが〝ジャングルワールド〟という新しい展示なんだとわかって、実物を見に行ってさらにびっくりして[04]、ああこんな展示を作るところに勤められたらいいなあっていう気持ちは強くなりました」

このあたりでは、ぼくは大きくうなずく。ぼくにとっても、ブロンクス動物園の「ジャングルワールド」は衝撃的で、「何これ!」と思わされる展示だった。本田さんに遅れること10年以上たって訪ねたわけだが、日本の動物園しか知らない者としては、大きな驚きを感じざるをえなかった。

こういうことを本田さんに言うと、笑みを浮かべてこう言った。

「ジャングルワールドについては、当時、もうこれを超えるものはできないんじゃないだろうかとまで思っていましたけど、その後、〝コンゴ〟ができちゃいましたね」と。

それには、ぼくも笑うしかなかった。まったく同じことを考えていたからだ。「コンゴ」を見た後では、「ジャングルワールド」にあらが見えてしまう。80年代の展示だということや、作られた時の力点の違いを考えれば当たり前なのだが、ブロンクス動物園については要求水準が高くなりがちだ。

04 実物を見に行ってさらにびっくりして
自然環境を再現することに関して、とにかく妥協のないディテールへの徹底的なこだわりですね。巨大な擬木がガラスの天井まで伸びている、そしてガラスの天井には葉が影を落としている——と言っても天井の上にまで擬木が伸びているわけではない。葉っぱの影がガラスに描いてあるのです。そして品格がある。当時の自分にとってはほとんど非の打ち所がないといって差し支えない展示でした。30年以上たっても色褪せないのはそこまで徹底したからです。本

「ジャングルワールドは、コンウェイが作ったわけですけど、その時の展示意図としては、とにかく熱帯雨林というのは素晴らしい、美しいところなんだと、情緒的なメッセージを伝えることでした。そういう意味では、展示意図はすごくよく実現されているんです。ただ僕は解説展示を主にデザインしている関係上、そちらについては、破綻しているとまでは言わないまでも、うまくいっていないなという面も見えてきてしまいまして」

本田さんによれば、「ジャングルワールド」は、造形を重視するため、動物展示での解説はぎゅっと凝縮されすぎていて、通り過ぎる来園者の印象に残りにくい。解説展示が中心のコーナーも適宜設けられているのだが、そちらは逆に文章量が多いスタイルで、これも印象に残りに

｜上｜多摩動物園のサマーキャンプで子どもたちと
｜中｜本田さんのバインダーより
｜下｜アメリカ赴任前に訪ねたグラディスポーター動物園（テキサス州ブラウンズヴィル）の正門前にて

|上|ここが入り口
|中|キャノピーウォークのような体裁になっており、木の高いところにいる霊長類が目の前で見られる
|下|樹上のクロヒョウにも出会える

くいという。ベトナム戦争などのネガティヴなイメージを引きずって熱帯雨林が「怖いところ」だと思われていた1980年代に、「素晴らしい」「美しい」という印象を与えるのはとても重要な使命だったことは間違いないのだが、解説する部分ではちょっと弱いという。もちろん、これは、今だから言えることだ。

一方、「コンゴ」は、美しさだけでなく、保全にかかわるメッセージを伝える点ではよくできている。もっとも、それでも本田さんにしてみると、改善すべき点が多々あるのは前に述べた通りなのだが。

シンシナティ、そしてニューヨーク

さて、時間を90年代に戻す。

84年からニューヨーク勤務だった本田さんに対して、10年目となる94年、会社から日本への帰任命令が出た。この時、本田さんは大いなる決断を下す。

「絵を使って動物関係の仕事に就きたいなという夢はずっと持っていて、家内も結婚する時に話したら、〝辞めていい〟どころか〝いつかは会社を辞めてくれ〟とまで言う珍しい人だったんです。いよいよ日本に帰らなきゃならない時になって、このまま会社で勤め続けていいのか、と考えました。僕がやりたいことは、動物のグラフィックやイラストレーションの仕事です。アメリカなら、一生懸命やればそれができるんじゃないかと。それで退職を決めました」

この時までに本田さんは、東京動物園協会の人たちが赴任の時にサプライズで用意してくれた上野動物園の古賀忠道元園長[05]（1903−1986）の紹介状を持って、WCSのウィリアム・コンウェイ会長を訪ねていた。その際、展示グラフィックアーツ部門（EGAD）のトップとも知り合いになり、良好な関係を築いた。さらには、米国永住資格を申請して首尾よくグリーンカードも手にしていた。その点で、抜かりはない。決して、無計画というわけではなかった。ただ、雇用というのはタイミングもあり、一筋縄ではいかない。

「会社を辞める前から、WCSの展示部門長には機会があるごとに雇ってもらえないかなあということを言っていましたが、今よりずっと給料が安いよとか、体裁よくかわされていました。それでも、会社を辞めたら流石に雇ってくれるんじゃないかと思っていたのですが、そう甘くはなかっ

[05] 古賀忠道元園長
上野動物園に園長制度がしかれたのは1937年のこと、古賀は「動物園長」に初就任した。さらに、動物保護審議会会長を経て、82年世界野生生物基金(現・世界自然保護基金)日本委員会(WWFJ)会長などを歴任、野生動物の保護に尽力した。日本動物園水族館協会(JAZA)は、繁殖が難しく世界的にも重要な種の繁殖に成功した施設に、国内最高の賞として「古賀賞」を与えている。(川)

た。今でいうフリーター状態になり、お客さんだった大手出版社の制作部門でアルバイトをしたりしていました。コロラド州デンバーで開催されたＣＢＳＧ(Captive Breeding Specialist Group。現在は飼育下繁殖専門家グループ、CPSG: Conservation Planning Specialist Group[06] 保全計画専門家グループに改称）の年次総会に参加して、そこで会ったオハイオ州シンシナティ動物園の園長に自分のポートフォリオを見せたら、"うちに来ないか"と言ってもらえて、それで、「グラフィックスと展示のキューレーター」という立場で働くことになりました。ただ、タイミングが悪く、僕が行った年に動物園への公的助成の更新を決める市民投票があって、更新反対の票の方が多くて翌年の運営予算が大幅にカットされたんです。それで、1年でクビになっちゃったんですよ。再雇用の可能性があるんじゃないかと思って、しばらくシンシナティにいたんですが、結局、２０００年にニューヨークに戻って、やっとＷＣＳに雇ってもらえたという流れですね。アメリカに来てから16年もたってしまいました」

まず、シンシナティ動物園は、１８７５年に開園したアメリカ合衆国内でも最古の動物園のひとつで、そういう意味では名門だ。また、北米で有名な絶滅鳥類のうちの2種、リョコウバトとカロライナインコの最後の1羽を飼育していた動物園としても知られている。リョコウバトの最後の1羽マーサと、カロライナインコの最後の1羽インカスが亡くなったのは、奇しくも同じケージだったという。北米で起きた人間由来の絶滅について、痛切な物語を内包している場として、ぼくは関心を持っている。本田さんは、そこで、およそ1年を過ごし、北米の動物園のプロフェッショナルとしてのキャリアをスタートさせた。

「とはいっても、後から考えると、実際の経験が無いわけですから知識も技術もとても未熟だったと思います。でも、自分ではブロンクスでいろんなことを見て来たからわかっているという思

06 シンシナティ動物園
２０００年まで30年以上の間園長を務めたエド・マラスカは希少種のコレクションのほか、欧米ではきわめて稀な昆虫館を作ったり、人工授精や胚移植などの人工繁殖技術の向上に力を入れた。近年ではゴリラの放飼場に転落した子どもの救出のため、興奮したオスゴリラ「ハランベ」を射殺した（２０１６年）ことに対して一部から非難を浴びたが、17年に早産で生まれたカバ「フィオナ」を救う努力と成長の様子をソーシャルメディアで発信して、世界中にファンを作った。本

い込みもあって、こんなことをしたい、ここを変えたい、というような野心だけは強かった。それに、部下の使い方なども、十分心得ていませんでした。いいものもすこしは作ったと思いますが、空まわりした部分や納得いかない部分も多かった1年でした」

本田さんにとって、シンシナティ時代は、ほろ苦いもののようだ。

そして、ぼくが本田さんと会うのが遅れたのも、「シンシナティのせい」である。

ぼくがニューヨークに滞在した97－98年は、本田さんが「再雇用待ち」でシンシナティにいた頃だ。もしも、その時点で話すことができれば、『動物園にできること』の内容はもっと深まったはずだが、それは果たせなかった。日本人で、北米の動物園に勤務した先達としては、当時、デトロイトのベル・アイル動物園[07]（現在は閉鎖）のキューレーターだった川田健さんがいて、ぼくは取材で川田さんと会ったおり、「今、シンシナティで動物園のポストを求めている人がいるから、チャンスがあれば会うといい」と聞いた。それが実現したのは、実に10年以上後だったわけだ。

なお、川田健さんについて注釈をしておくと、『動物園にできること』の中で、日本の動物園について「夜明け前どころか、下手すればぼうしみつ時」「見せ物小屋レベルから抜け出していない」と厳しい言葉を述べた人物だ。デトロイトの後、ニューヨークのスタテン島動物園（WCS傘下ではない。念のため）のキューレーターを務め、勇退後は動物園史にかかわる論説で健筆を奮っておられる。

40歳のオールドルーキー？

さて、本田さんがWCSで働き始めた2000年は、「コンゴ」がオープンした翌年で、ちょう

[07] ベル・アイル動物園
1895年に開園したが、1928年にデトロイト動物園が郊外にできてベル・アイルの動物園は流転の歴史をたどる。子ども動物園への模様替え、一旦閉鎖を経て80年に再オープンするも、2002年に財政難により閉鎖が決定。閉園後は映画『リアル・スティール』（2011年）にも使われたが、荒れたまま放置されている。本

ど2003年にオープンする「タイガーマウンテン」の準備が佳境を迎えるところだった。本田さんは「いわば途中参加」する立場で貢献していくことになる。そして、2008年の「マダガスカル！」もすでに準備が始まっており、そちらにはもっと中核的な役割でかかわっていく。世紀の変わり目のブロンクス動物園は「コンゴ」がもたらした熱気の中をひた走っていた。

「僕がうまくWCSに入り込めたのは、〝コンゴ〟が終わってからもずっと展示プロジェクトが目白押しで、すごい拡大基調の時期だったからなんです。展示部門内の組織そのものを大きくして、いかに業務を効率的に消化するかということがテーマになっていました。だから、本当にいろんな人が集まってきましたね。川端さんの本に出てきた人もいます。〝オレゴンで牙を研いでいた〟というジョン・フレイザーです。彼は業務改革のために雇われて、僕の直属の上司になりました」

ジョン・フレイザーはオレゴン州ポートランドのメトロワシントンパーク動物園[08]（現オレゴン動物園）で、展示開発の仕事をしていた人物だ。訪ねてきたぼくに対して「ランドスケープイマージョンなんてクソッタレ（Bullshit）だ！」と言い放ち、ぼくを面食らわせた。そのあたりの経緯は『動物園にできること』[09]に書いてある。

当時の彼の意見をかいつまむと——

「動物をきれいに見せたいだけのイマージョンは嘘つきだ」「剥製を展示している博物館ともかわらない」。だから「動物園はただ自然を切り取って見せるだけでなく、自然体験が圧縮された場所であるべきだ。そしてその体験は訪れた人たちに強い印象を残すものでなければならない……」といったものだった。

ポートランドでの取材を終えて空港に向かう際、彼もちょうど仕事を終える時間だったので、

—08— **メトロワシントンパーク動物園**
1888年に設立された西海岸最古の動物園。環境エンリッチメントの専門家デイビッド・シェパードソン博士を擁し、1990年代には環境エンリッチメント普及のリーダー格だった。1993年の第1回国際エンリッチメント会議もここで行われた。現在はオレゴン動物園。(川)

—09— **『動物園にできること』に書いてある**
第2章「風景に浸し込め」の中の「ロマン主義とテーマパーク」を参照。(川)

空港まで送ってくれてオレゴンの地ビール、ハンマーヘッド・エールを振る舞ってくれた。口調は攻撃的だが、動物園の展示について、語りたいことが次から次から溢れ出すような人物だった。そんな彼が、本田さんの上司になったとは実に面白い。

「90年代から21世紀にかけて、仕事のやり方が変わってきた時期でもあるんです。〝コンゴ〟を作る時に、組織が大きくなったこともあって、分業化、専門化が進んでいきましたし[10]、展示デベロッパーという役割を置いたことも大きかったですね。展示デベロッパーとは、展示の基本的なシナリオを書く脚本家のような役割です。僕は解説展示をする時に、展示デベロッパーのアイデアを聞きながら、その場でどんどんスケッチを描いていきますし、ミーティング中でもこういうこと？　とか、やはりその場でスケッチを描くんです。視覚的なことは言葉で説明するのが困難なので、そっちの方が理解が早いですし。それを見て、ジョン・フレイザーが、お前はデザインの川上の方、コンセプトデザインをやれ、と、言ってくれて、僕の役割として、解説手法を考えてスケッチをするというのが主な仕事になっていきました」

また、かつて「日本の印刷会社」のカルチャーの中で仕事をしていたことも、本田さんに独特の役割を与えた。

「当時の見積もりの仕方が、かなりいい加減だったんですよ。僕は印刷会社でインキ1色を紙1枚に印刷するのが何銭、という細かい積算の世界で育ったので、解説展示のデザインもろくにできておらずサイズも数もわからないような状態で工費の見積もりを出せというようなやり方に仰天しました。あるいは、施工段階になって地面を掘り始めて岩盤に当たったら工費が桁違いに高くなるのに、岩盤調査もやらずに始めてしまうわけです。実際に作り始めた後、色々な場面で仕

10 分業化、専門化が進んでいきました
ジョン・フレイザーは業務効率化のため、1人のデザイナーがひとつのプロジェクトを見る「垂直的な」やり方から、コンセプト→デザイン→印刷原稿といったステージごとに担当を作る「水平的な」業務分担に変えました。各デザイナーごとに強みと弱みがあるし、同じタイプの仕事を専門にした方が効率的という考えです。ただ、伝言ゲームのように考え方がずれてくる可能性や、最後まで「自分の仕事」として見守れないデザイナーの不満もあり、今は概ね垂直的なやり方に戻しています。(本)

切り直しや、調整が必要になったり、困ったことが起きていました。それで、全体の業務進行と企画管理のあるべき順序を考えて提言したり、分業が進む中で情報を共有するためにコンピューターサーバー上のファイリングシステムを作る作業グループを立ち上げたりしていましたね」

WCSが採用する際に、どこまで見通していたのかわからないが、本田さんは「コンセプトデザイン」と、業務の合理化、効率化の面で大いなる貢献をしていくことになる。アメリカは転職社会だから、「40歳のルーキー」というよりも、単に別のジャンルで経験を積んできた即戦力として、さっそく力を発揮していくことになったようだ。

トラの絵を描く

具体期な話を聞いていこう。

前にも話題にした、「タイガーマウンテン」は、本田さんがかかわった時には、すでに展示全体の構想は出来ており、ディテールの整合性を保つ役割を本田さんは求められた。そんな中で、ちょっと面白いエピソードもある。

「コンセプトのスケッチだけ出来ていたパネルがありまして、でも、これどうやって施工するのって聞いたら、当時のクリエイティヴ・ディレクターが、私、わかんないわっていうんです。トラの密猟などについての情報を入れ込んだ大きな絵が描かれたパネルがあって、そのあちこちに小さな落とし戸がついていて、開けると下に情報があったり実物の見本があったりする仕掛けがしてあって。でも、落とし戸を開けるにはその上にスペースが必要ですよね。それに、落とし戸の後ろに何かがあるということは、裏側にも物を取り付けるスペースが必要です。それなのに、たとえば、落とし戸が斜め上下に隣接していたりするところがある。これでは作れませんよね。そこで、全部、サイズを検証して、低いところに置いてあるメッセージは子ども向けのメッセージで、上の方は、たとえば強精剤としてトラが使われる、というような大人向けの情報提供にして、構成を作り直しました。イラストも僕が描くことになったので、空いているキューレーターの部屋に籠って、ペン画のイラストを描いて、〝わからないわ〟と言ったクリエイティヴ・ディレクターにコンピューター上で色付けしてもらって、大急ぎで1カ月で仕上げたんです」

「タイガーマウンテン」にはふたつ放飼場があって、そのうちひとつでは、飼育下のトラの福祉について語る。もうひとつでは野生のトラについて語り、さらには密猟や密輸についての情報提供もしている。その中で、本田さんはふたつ目の放飼場を出たところでなされるトラの密猟にまつわる大パネルをまるまる担当して、仕上げたのである。

戸を引き上げると下に情報がある。トラが漢方薬の原料になっているという話だった

ここで必要だったスキルは、紙の上で完結する通常のグラフィックデザインの勉強で身につくものではない。動物園の解説展示は、空間の中に置かれる。また、それ自体が立体物であったり、可動部があったりすることも多い。環境中でのグラフィックデザインを考えるという意味で、環境グラフィックデザインという分野もある。

「コンゴの展示でも見てもらいましたけど、解説展示にとっても、空間構成はとても大事で、それをうまく機能させるには、結局、展示空間そのものを作るところからかかわっていかないとダメなんです。もっとさかのぼると、展示空間がデザインされる前にそこで語るストーリーの骨組みが出来ていないとダメです。僕がここに勤めて最初に感じたのは、まさにそういうことでした。ランドスケープデザイナーとか建築デザイナーに任せていると、彼らは解説パネルなんかを夾雑物としてしか見ないので、目立たないところに隠そう隠そうとします。最悪の場合[11]は、通路の展示とは反対側に置く。そうすると展示を見る時に解説はお尻の方ですから、絶対見てくれないですよね。隠すんじゃなくて、全部とうまく融合したデザインにするのが大事なので、そのためには、最初からグラフィックデザイナー側から働きかけていかないといけません」

いかに展示計画の最初からグラフィックデザインがかかわっていくか。本田さんにとって、それはＷＣＳに来て最初から続くテーマなのだ。

「タイガーマウンテン」に続く「マダガスカル！」はまだ「途中参加」の色が濃くとも、「バタフライガーデン」（２００５年）、「リカオン」（２０１２年）、セントラルパーク動物園の「ユキヒョウ」（２００９年）といった展示では、まさに最初の空間構成からかかわる動物園グラフィックデザイナーとして、本田さんは歩みを進めていった。

コンウェイ園長がやはり基礎を作った

本田さんが活躍するＷＣＳの展示グラフィックス部門の正式名称は、〝Exhibition and Graphic Arts Department〟で、略してＥＧＡＤという。

―11― 最悪の場合
左の写真はクイーンズ動物園のピューマの展示。ビューポイントの背後に解説パネルが設置されています。なんとかしたい積年の課題のひとつ。これら3園の運営を公園局から受託する際の全面改修では、ＥＧＡＤはアドバイザー的な役割しか果たさなかったと理解しています。本

アメコミ(アメリカン・コミック)や、英訳されたマンガなどを読む方は、ご存知だと思う。〝EGAD〟というのは、日本語では「ゲゲッ」に相当する擬声語で、それをあえて略称にするのは洒落のようなものだそうだ。

ここで、ちょっとその成り立ちを聞いておこう。

「WCSの前身のニューヨーク動物学協会にグラフィックアーツ部門を作ったのは、やはりコンウェイでした。1965年の国際動物園年鑑(International Zoo Yearbook ロンドン動物学協会が1960年より毎年発行)に、その報告の文章が出ています。何が書いてあるかというと、博物館に展示部門があるならどうして動物園に展示部門がなくていいんだと。〝その動物を飼育するのに物理的、身体的に適切な施設で、健康な動物を見せていればそれでいい、という時代は終わった〟〝何千もの動物を集めることが動物園の価値ではなく、その動物たちを来園者にどのように解説するか、何を伝えるかが動物園の良し悪しを決めるのだ〟と強調しています」

これが半世紀も前のことである。「ニューヨーク動物学公園における展示部門(A Department of Exhibition at New York Zoological Park)」というタイトルの小文で、この時、コンウェイはさらにこんなふうに続けている。

〈色彩計画、そしてサインのタイプ、そういったものはすべて展示部門を作ることによってよりよくコーディネートされ、結果として私たちの動物園はより美しくより実りのあるものになる〉

〈動物たちを野生から獲ってきて展示することを正当化するためには、利用者にとって教育的な価値がなければいけない〉

〈その展示の効果があってはじめて、野生の生息地にいる動物たちも、動物園にいる動物たちも、

その将来の福祉が保証される〉

これはなんという卓見だろうと思う。

動物園が単に動物たちを健全に飼育して見せるだけでなく、美的によいものであり、教育的な価値を持つことで、はじめて動物園は正当化される。また、まわりまわって、野生にいる動物たちも、動物園にいる動物たちも、その将来の福祉が担保される。こういった主張には、はっとさせられる。

この発想がのちに「ジャングルワールド」や「コンゴ」を作るEGADへとつながっていくのである。

展示デベロッパーは脚本家

では、現在のEGADとはどんな組織なのだろうか。

「勤めている人の職種で言いますと、プロジェクトマネジャー、アーキテクト、ランドスケープデザイナーやランドスケープアーキテクト、展示デベロッパー、プロダクションマネジャー、それから環境グラフィックデザイナー、さらにサイン工房（Sign Shop）と展示工房（Exhibit Shop）のスタッフといったところです。人数はというと、正規職員が大体20人強くらいですかね。そこにパートタイマーや研修生など、非常勤的な人たちも入れると、今はたぶん40人規模くらいかな。これは時期によってかなり違いまして、僕がいる間も60人規模だったこともあります。〝コンゴ〟を作っていた頃はもっと多かったかもしれません」

たぶんデザイン業界や、建設業界に馴染みのない人にはちんぷんかんぷんな役職が並んでいるのではないだろうか。いや、これらを聞いて、ぱっと仕事の流れを想像できる人は、アメリカで動物園の展示を作ったことがある人だけかもしれない。

比較的、想像しやすいものから語ると、「プロジェクトマネジャー」はデザインから施工管理までプロジェクト全体を統括する人、「アーキテクト」はまさに建築家。また、「プロダクションマネジャー」は、主に印刷関係の製造を管轄する人のことだ。

今、述べた以外の役職は、ちょっと説明を要する。

ランドスケープデザイナーや、それよりも上級資格を持つランドスケープアーキテクトは、日本語にすると「造園設計担当者」などと訳されることが多いが、園芸的な仕事というより、建物を含む環境全体を設計する。動物の寝室や放飼場の位置を決め、来園者の順路を決める。たとえば、来園者があたかも生息地にいるかのように感じられるようにするランドスケープイマージョン的な手法を取る時には、人がいる空間と動物がいる空間をひとつながりのように景観をデザインする必要があり、そのために地形を利用し、木や草を植え、建物をうまく隠し[12]……といったことまで含めて景観設計の領分だ。

展示デベロッパーは、前にもちょっと出てきたけれど、展示を作っていく際の鍵を握るとても興味深い役割で、映画の脚本家のような立場だ。

「これは日本の動物園・水族館、特に動物園では欠落している部分[13]です。そもそも展示するからには、展示意図がはっきりしていないとおかしいのに、とりあえず飼育施設ができれば、それで一義的には展示として成立してしまうことが多いので。欧米でもそうなる危険は常にあるわけですけど、本来、なぜこの動物種をこの動物園で飼育して展示して見ていただかなければいけないのか、じゃあそのメッセージは何か、きちんと定義して、一貫性のあるものにしなければならな

—12— **建物をうまく隠し**
建物をいかに隠すかということは、ランドスケープイマージョンの場合は特に重要な課題です。ちなみにコンウェイはそれよりはるか前の1968年に「ウシガエルの展示の仕方」を書いた時（67ページの註09）、展示イコール○○館というようなモニュメントとしての建築物を否定しています。(本)

—13— **欠落している部分**
118ページの註02を参照。(本)

い。それをやるのが展示デベロッパーの仕事ですね。展示は20年、30年使っていかないといけないわけで、その間訴えていくに値する普遍的なメッセージが何かというのを考えてストーリーを作るわけです」

日本でこの視点が欠落しているのはまぎれもない事実で、動物を見せることができるハコを作ればよいと考えられていることが多い。その際に、生息地に似た放飼場にするとか、動物の様々な行動を引き出せるように環境エンリッチメントに配慮したものにするというようなことは検討されるかもしれないが、それらを全部ひっくるめた上で、どのようなストーリーを語るのかということは発想自体が薄い。背景には「動物はすごい。そこにいるだけで最強のソフトだ」みたいな考えもあるようにも感じるのだが、どうだろうか。

とにかく、EGAD流では、「動物はすごい」ことは当然として、さらにその上に展示で何を語ることができるのかつきつめていく。展示デベロッパーは、脚本家として「作品（展示）」づくりの最初から最後までかかわるキーパーソンだ。

「EGADの今のやり方では、少なくとも展示デベロッパーは最初から必ず絡みます。この展示の趣旨はこういうメッセージを伝えることですという議論を主導し、それに基づいて、じゃあ、建築デザイナーは建築デザインの視点からこういうふうに考えるし、飼育側の要請も、キューレーターを通して入ってきて、獣舎にはこんな仕組みがほしいとか、こんなところにガラスを使ったら誰が掃除するのか、みたいな話もします。WCSには、生息地をフィールドに持っている研究者もたくさんいる[14]ので、域内保全の情報や生息環境を再現するのに必要な情報やら、そういうものも内部的に入手します。そして、空間デザインができてしまう前に、環境グラフィックデザイナーを参加さ

—14— 生息地をフィールドに持っている研究者もたくさんいる

常時5、60の国でプログラムを運営しているわけですが、各国で働いている人のうち最低1人か2人は研究者と仮定すると単純計算で最低100人とか200人とかいう数がいる勘定になります。ほんとのところは何人かというのはもはやCEOがジョークに使うレベルです（どこそこへ行ってそこの国のプログラムで何人スタッフがいるの、って聞いたら誰も答えられなかった、とか）特定の研究費・事業費に応じて研究者が雇われるので、終身雇用制が前提の日本の感覚とは違います。本

せて、こういう解説手法はどうだとか、それだけの解説をするにはこれだけのスペースが必要だという要件を早く分析して空間デザインに反映させるわけです。さらに、展示デベロッパーは出来上がった展示の評価を担当することもあるので、最初から最後までということになります」

EGADの3つのセクション

今、うかがった各役職は、大きく3つのグループに分かれている。その分け方が興味深い。

・展示デベロッパー、環境グラフィックデザイナー、サイン工房（サインなどを作るところ）
・ランドスケープデザイナーと建築家（かつて、ここに園芸部門もあったことがある）
・展示工房（擬木や擬岩などを作るところ）

動物園がサイン工房や展示工房を自前で持っていることはすごいと思うのだが、ここでは、前段でも詳しく述べた展示デベロッパーの立ち位置に注目したい。

展示を作るのに際して、まずはランドスケープデザイナーが大きな設計図を描くのだろうし、それで建物が必要なら建築デザイナー（建築家）が、その設計をするだろう。とすると、展示デベロッパーは全体のシナリオを描くのだから、むしろ、ランドスケープデザイナーや建築家と一緒にいるべきなのではないか。そんなふうに素朴に思った。

しかし、このような編成になっているのには、かなり現実的な理由があって、合理的なのだという。

|上| サイン工房
|下| 展示工房の中

「まず、EGADも、日常的には、建築や景観設計（ランドスケーピング）とは関係なくサインを作ることの方が多いんです。年中、新しい展示を作っているわけではないですから。建物はそのままでもサインを全部つけ変えるとか、ここの動物種が変わったからサインを更新するとか、そういう仕事です。展示デベロッパーは画像・映像のリサーチやコピーライターの役割も担っているので、そういう時にも活躍します。あと、催しもののサイン。そこにも相応のコンテンツがあるので、展示デベロッパーは〝脚本家〟として、グラフィックデザイナーと一緒に仕事をする必要があります」

そのような事情で、展示デベロッパーは「グラフィックデザイン寄り」なのだった。

また、興味深い別解釈を聞いた。それは、管理上の焦点距離、あるいはスケール感の違いだ。

「展示デベロッパーとグラフィックデザインをマネージするということは、展示物の文字の何分の1ミリの部分まで見るような細かい仕事になります。建築やランドスケープデザインの側のマネジメントの感覚では、下手すればそんなディテールどうでもいいんじゃないのかと言われそうなことがたくさんあるので、展示デベロッパーを建築やランドスケーピングにくっつけて一緒にマネージするのは難しいと思います」

本田さんの仕事

ＥＧＡＤの中で本田さんは、管理職（マネジャー）だ。

より正確には、「ステューディオ・マネジャー」なのだが、はたして何をマネージしているのか。

「これがもしも建築デザイン会社で、ステューディオ・マネジャーといえば、設計スタジオを全部マネージするかなり偉い立場なんですが、別にそういうわけでもありませんし、あまり気にしないでください。以前の肩書の〝グリエイティヴ・ディレクター〟の仕事では収まらなくなってきた時に、たまたま〝役職名が空いていたから〟というレベルで、ではこの肩書で行こうということになりました。今の職場の中で僕がやっていることを、ひと言であらわすような役職名をつけるのは結構難しいかなというのがありましたし、もし新しい役職を作るとなると理事会に諮ったり、手続きが大変なんです。巨大な非営利組織であるがゆえに、官僚的になってしまうところがありまして」

では、役職名としてひと言で言えないのだとしたら、二言でも三言でも費やすとどんな按配だろうか。

「グラフィックデザイナーを部下に持ちつつも、グラフィックデザインの中だけを見てマネージしてるわけじゃなくて、展示デベロッパー、建築家とランドスケープデザイナーがどう連携して全体のデザインを統合してくか、あるいは、解説展示サイドから見た施工や保守・保全の視点を、造園や建築の施工とどう統合していくかみたいなことをやっているわけです。さっき〝コンゴ〟をまわっていても、植栽の話とかしましたけど、そういう全体像を見ながら、展示をマネージしていく立場ですね」

「コンゴ」での本田さんの気のまわし方を見た後では、実に理解できる説明だった。サインが破

「グローバル保全センター」にあるオフィスの本田さん

れていないか、古びていないか、中にいる動物と合っているか。植裁は適切な状態か、目立たないはずのネットは意図通りに機能しているか、音響は大丈夫かなどなど。展示をよりよく機能させるためのあれこれを気にかける姿は印象的だった。要は、作る段階から同じことをやっている。そういう話だ。

「今の立場になる前、〝お前が川上のコンセプトデザインをやれ〟と言われていた頃は、僕自身、解説手法はどうで、この解説をするにはこれだけのスペースで、といったことを考えて空間デザインに参加する仕事をしていたわけですが、最近では若いデザイナーの自主性を養うようにしているので、参加するとしてもすこし形が見えて来た後が多いです」

一度、どんなディスカッションをしているのか聞いてみたいものだ。しかし、内々のミーティングだからさすがに傍聴は不可能だろう。

「まあ、今、実際にディスカッションに加わった場合、僕の思考は完全に問題解決型だということもあって、僕が提供するのは、解決が必要な問題についての議論ですね。たとえば、過去の経験から言ってどういう施工方法は使えて、どういうものはすぐ壊れちゃって使えないかとか。それだけでなくて、解説手法やコンテンツのシナリオと、動物種の選定などをどう折り合いをつけるか、あるいはこの展示で飼育可能かどうか、動物種が入手可能かどうかというような、デザインから外れる話もします。それは動物オタクである僕の特殊性です」

本田さんの説明で、なんとなく議論の様子を想像して、ここは満足することにする。

リカオンの場合

さて、かくのような陣容のEGADはどのように仕事を進めるのか。

「これ、見てください」と本田さんは、ノートパソコンに1枚の書類を表示してみせた。もう何杯目かのコーヒーが空になった後のことだ。

「AZAの年次総会で僕がポスター発表したものなんですが、WCSのやり方はやはりアメリカでも珍しくて、それを紹介しています」

まさに知りたいことがそこには連ねられていた。

まず、「伝統的なアプローチ」では、景観・建築物が先行して、その後に環境グラフィックデザインの出番になる。これを「直線的プロセス」と呼んでいた。この方法だと展示解説は、すでに決められた空間の中で、使えそうなところを使って盛り込んでいくことになる。解説展示は「後付け」になって、その空間構成の中でできることしかできないという制約を受ける。

一方、WCS方式は、「統合的なプロセス」とされる。ランドスケープデザインも建築のデザインも、グラフィックデザインと同時に練られていく。この方法で、解説的な素材が、展示の中に継ぎ目なく埋め込まれ、メッセージがより効果的に届けられるようになるという。

具体例として挙げられていたのは、「リカオン[15]（African wild dog）」の展示だ。これは、「アフリカの草原」の一角に設けられた小コーナーで、2012年にオープンした。

「コンゴ」のような一大複合施設ではなく、園路からひょいと小径に入るとリカオンに会える趣向だ。その小径のどこに、どんな解説を置くか、もう設計を固める前に議論している。最初にデ

―15―リカオン
食肉目イヌ科。アフリカに分布。群で追いかける狩に特化していてイヌ科の中では四肢がとても長いのに、しばしばハイエナと間違われる。アルファのペアを中心に群れを構成するが、普通オスの方が多い、オスは群れに残りメスがよその群れに出て行くなど特異的な社会構造を持つ。IUCNレッドリストでEN（危機）。「リカオン」は学名の属名で、英名ではない。本

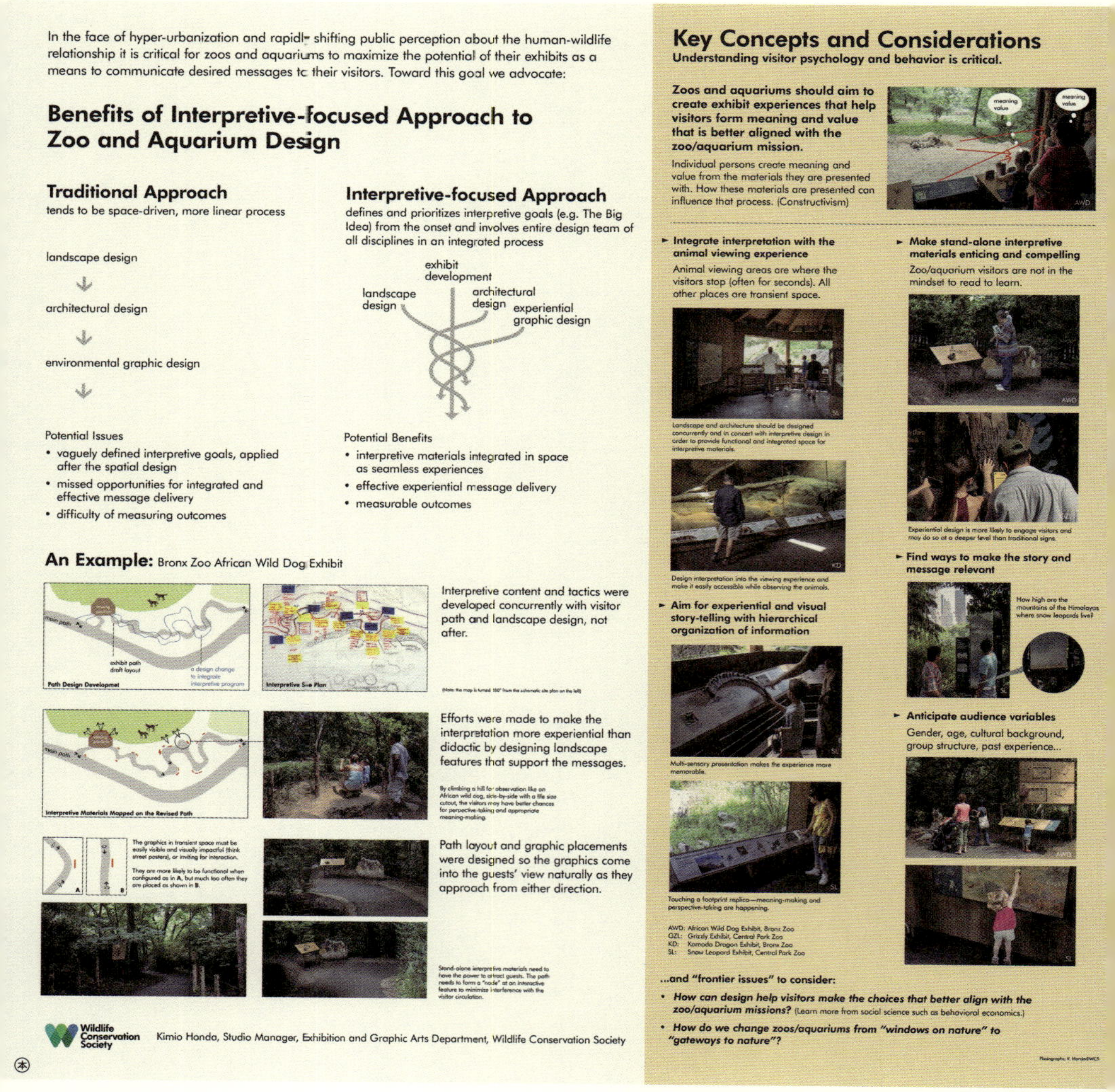
In the face of hyper-urbanization and rapidly shifting public perception about the human-wildlife relationship it is critical for zoos and aquariums to maximize the potential of their exhibits as a means to communicate desired messages to their visitors. Toward this goal we advocate:
Benefits of Interpretive-focused Approach to Zoo and Aquarium Design
Traditional Approach
tends to be space-driven, more linear process
landscape design
architectural design
environmental graphic design
Potential Issues
• vaguely defined interpretive goals, applied after the spatial design
• missed opportunities for integrated and effective message delivery
• difficulty of measuring outcomes
Interpretive-focused Approach
defines and prioritizes interpretive goals (e.g. The Big Idea) from the onset and involves entire design team of all disciplines in an integrated process
exhibit development
landscape design
architectural design
experiential graphic design
Potential Benefits
• interpretive materials integrated in space as seamless experiences
• effective experiential message delivery
• measurable outcomes
An Example: Bronx Zoo African Wild Dog Exhibit
main path
exhibit path draft layout
a design change to integrate interpretive program
Path Design Developmet
Interpretive Site Plan
Interpretive content and tactics were developed concurrently with visitor path and landscape design, not after.
Interpretive Materials Mapped on the Revised Path
Efforts were made to make the interpretation more experiential than didactic by designing landscape features that support the messages.
By climbing a hill for observation like an African wild dog, side-by-side with a life size cutout, the visitors may have better chances for perspective-taking and appropriate meaning-making.
The graphics in transient space must be easily visible and visually impactful (think street posters), or inviting for interaction.
They are more likely to be functional when configured as in A, but much too often they are placed as shown in B.
Path layout and graphic placements were designed so the graphics come into the guests' view naturally as they approach from either direction.
Stand-alone interpretive materials need to have the power to attract guests. The path needs to form a "node" at an interactive feature to minimize interference with the visitor circulation.
Wildlife Conservation Society
Kimio Honda, Studio Manager, Exhibition and Graphic Arts Department, Wildlife Conservation Society
Key Concepts and Considerations
Understanding visitor psychology and behavior is critical.
Zoos and aquariums should aim to create exhibit experiences that help visitors form meaning and value that is better aligned with the zoo/aquarium mission.
Individual persons create meaning and value from the materials they are presented with. How these materials are presented can influence that process. (Constructivism)
meaning value
► Integrate interpretation with the animal viewing experience
Animal viewing areas are where the visitors stop (often for seconds). All other places are transient space.
Landscape and architecture should be designed concurrently and in concert with interpretive design in order to provide functional and integrated space for interpretive materials.
Design interpretation into the viewing experience and make it easily accessible while observing the animals.
► Aim for experiential and visual story-telling with hierarchical organization of information
Multi-sensory presentation makes the experience more memorable.
Touching a footprint replica—meaning-making and perspective-taking are happening.
AWD: African Wild Dog Exhibit, Bronx Zoo
GZL: Grizzly Exhibit, Central Park Zoo
KD: Komodo Dragon Exhibit, Bronx Zoo
SL: Snow Leopard Exhibit, Central Park Zoo
► Make stand-alone interpretive materials enticing and compelling
Zoo/aquarium visitors are not in the mindset to read to learn.
Experiential design is more likely to engage visitors and may do so at a deeper level than traditional signs.
► Find ways to make the story and message relevant
How high are the mountains of the Himalayas where snow leopards live?
► Anticipate audience variables
Gender, age, cultural background, group structure, past experience...
...and "frontier issues" to consider:
• How can design help visitors make the choices that better align with the zoo/aquarium missions? (Learn more from social science such as behavioral economics.)
• How do we change zoos/aquariums from "windows on nature" to "gateways to nature"?

「リカオン」を例にした統合的プロセスの説明。最初に解説の目的を決め、その解説計画を中心にランドスケープデザイン、建築デザイン、グラフィックデザインが常にかかわりながら進めていく。当初案の通路を解説展示と景観を両立させる形で変更したことを示す具体例にも注目

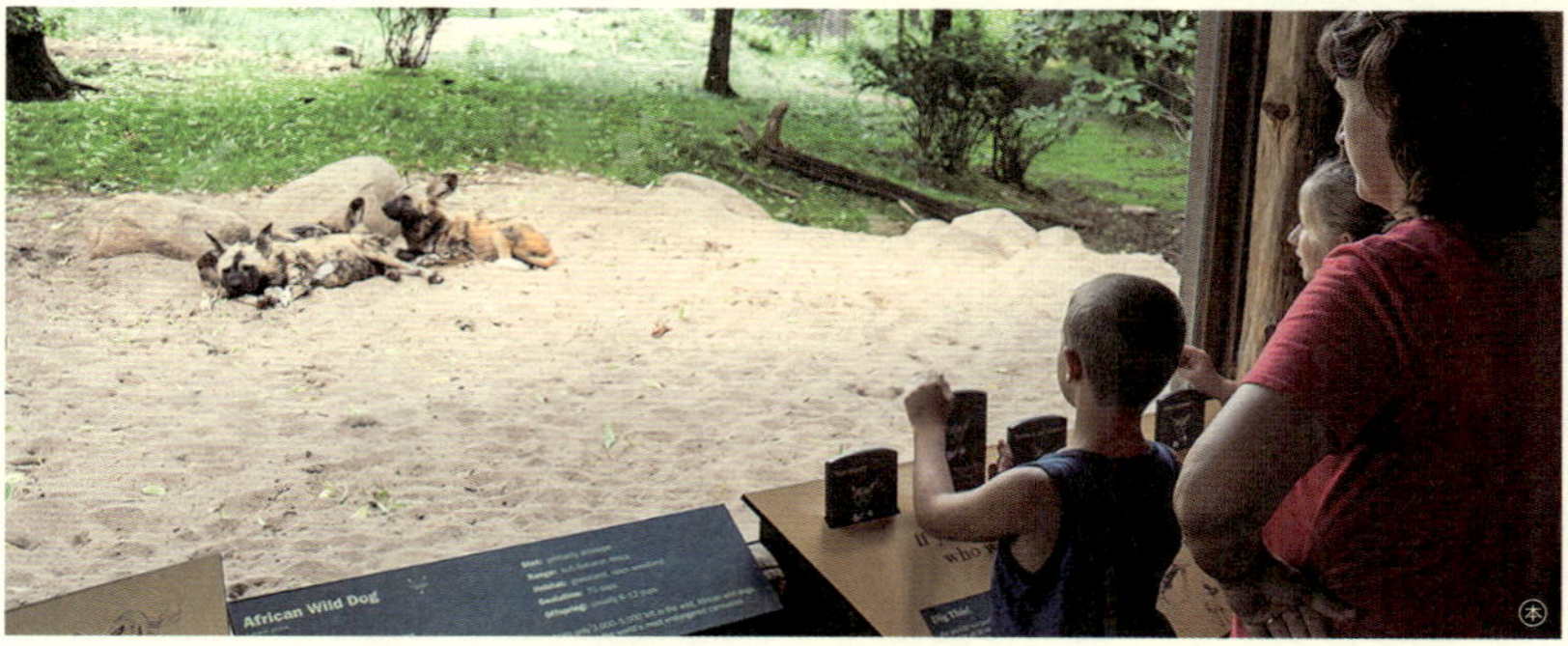

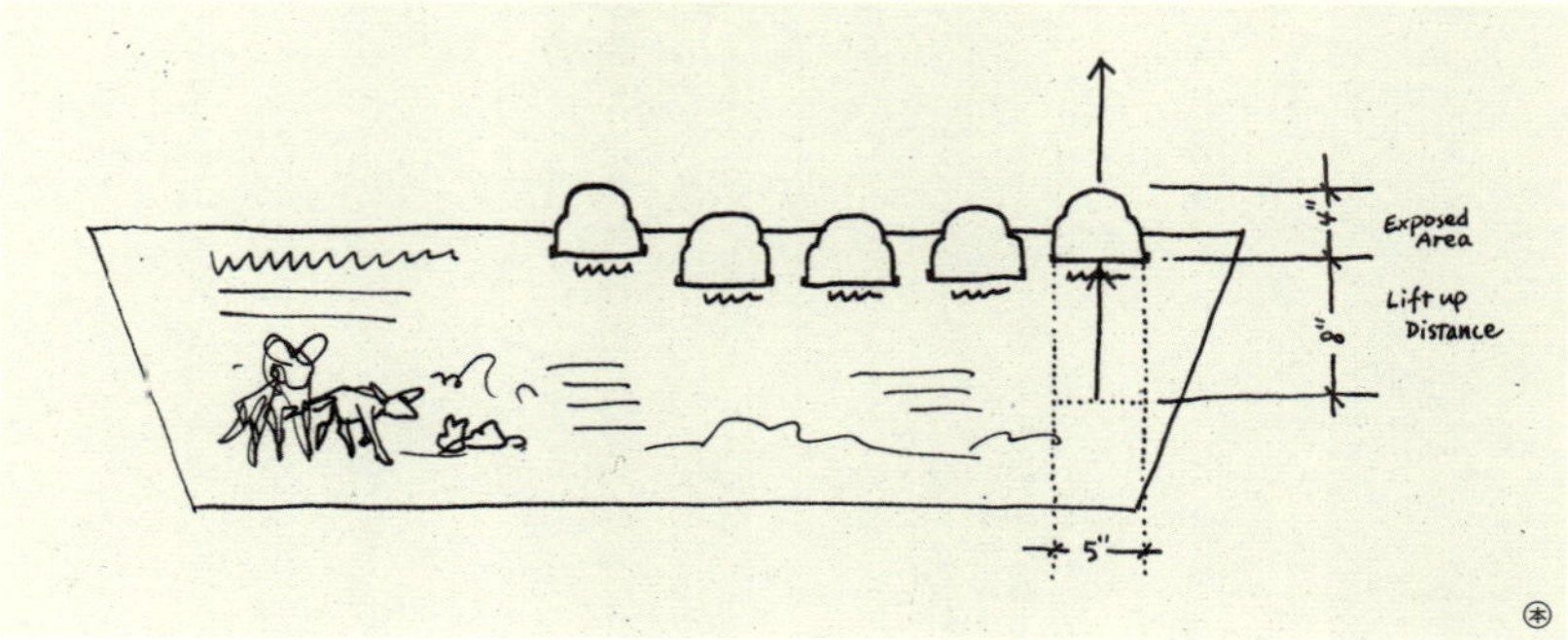

｜上右｜リカオン展示の入り口を示すサイン
｜上左｜リカオンの切り抜き絵と並んで展示を見渡す
｜中｜引き出して読むパネル
｜下｜引き出しパネルのスケッチ

ザイナーが描いてきたものをたたき台にして、解説展示の場所を確保するために、通路のルートを大きく変更した様子が見て取れる。

「ここは、出口と入り口が決まっているわけではなくて、どちらからも入れるんです。そこで、どっちから来た人にも、目に入りやすいようにする工夫として、サインか解説が必要な位置に合わせて園路を湾曲させました。こういうことを考慮せずに、通路を決めてからパネルを設置しようとすると、たいていの場合、効果的な設置は無理になります」

後で確認したところ、各ポイントに置かれている解説のパネルは、文字情報よりも、手を動かして触れるものが多く、注意をひくように工夫されているのが印象的だった。たとえば、リカオンの体の作りを示すパネルには、実際に触れることができる頭骨のレプリカがあり、どちらの方向から歩いてきた来園者もそこで足を止めて面白いようにちゃんと触っていった。

また、メインのビューポイントの解説板は、ふだんは動物がいる景観の邪魔にならないように収納されていて、来園者が引き出して読むようになっている。その時、子どもが放飼場のリカオンを見ながら読みやすいように、位置と角度が調整されていた。これも、やはり最初から建築デザイナーと意見を出し合ったからこそできることだろう。

さらに、この「統合的なプロセス」では、ランドスケープデザインと解説展示を融合させることもできる。「リカオン」では、通路のとある場所に小高い丘を作ってある。その丘に登ると、その隣にはリカオンの切り抜き画のパネルが置いてあって放飼場の方を見ている。来園者は自然とリカオンのようにあたりを見渡す視点を獲得する。単に文字で語るのではなく、体験として記憶に残りやすい形に落とし込んでいる。

ここでぼくが思い出したのは、「コンゴ」の「保全ショーケース」にあった伐採された巨木だ。真ん中にドンと木があるのは、見栄えがするし、美しいけれど、解説展示としては「半分が読まれない、目に入らない」ことを覚悟しなければならず、その時点で、展示によって何かを訴求できるチャンスを、かなり失ってしまっている。ということは、「リカオン」のように、「統合的なプロセス」で作ったわけではないのだろうか。

「それはですね、コンゴはEGADにとっても空前の規模の展示だったことが大きいです。EGADだけではとても全部はやりきれなくて、〝熱帯雨林の宝物〟や〝保全ショーケース〟などは、部分的に外注しています。手慣れた専門の展示会社にまかせて、見栄え良くこしらえたけれども、デザインの機能性の綿密な分析などはしている暇がなかったんだろうと思います。つまり、大きく全体の構成としては〝直線的なプロセス〟ではなくて、〝統合的なプロセス〟だったけれど、あらゆる部分まで吟味することはできなかったんでしょう。〝コンゴ〟の展示を作るのは本当に大変だったようで、解説パネルの大半がオープニングに本物が間に合わず、インクジェットのプリントで急場をしのいだほどだったそうですから」

ヒマラヤと高層ビル

もう1点、「統合的なプロセス」の具体例として、WCSが運営するセントラルパーク動物園[16]の「ユキヒョウ」が挙げられていた。実を言うとぼくは前日にセントラルパーク動物園を訪ねており、「ユキヒョウ」の展示に強い印象を抱いたばかりだったから、これはまさに知りたいところだった。

―16―**セントラルパーク動物園**
アメリカ最古の動物園のひとつ。既存の雑多な動物群を収容する施設を作ることをニューヨーク市が決めたのが1864年。1980年代に入り、市営動物園3園の運営をWCSに委託することとなり、セントラルパークは全面的改修を行って1988年に再オープン。本

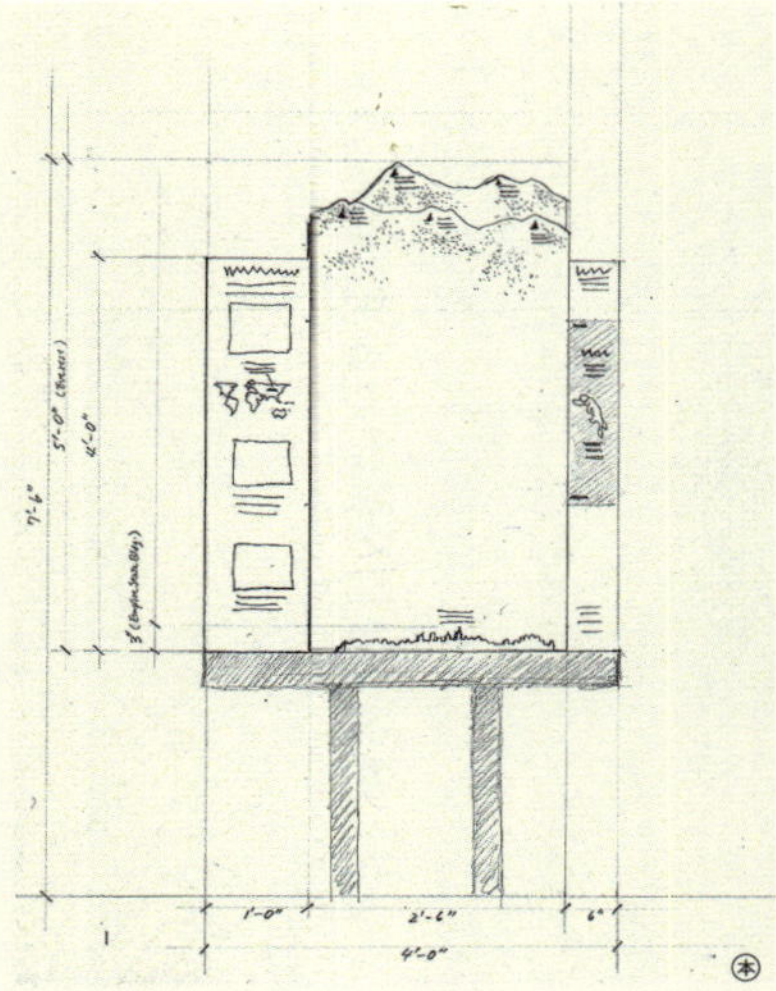

| 上右 | 「高層ビルとヒマラヤ」のパネル越しに実際の高層ビルをのぞむ

| 上左 | デザイン途上のスケッチ。環境グラフィックデザインではサイズや構造も考えながら行う

| 下右 | セントラルパークのユキヒョウ展示

| 下左 | 太いしっぽを味のある浮き彫りで表現

ぼくが見たかぎり、「ユキヒョウ」[17]は小ぎれいで神経が行き届いた展示だった。ヒマラヤの高山地帯のエスニックな雰囲気の中で、手で触れたり、蓋を開けたりしつつ理解するタイプの解説が、景観の邪魔をすることなくむしろ一体となって連なっている。こういう完成度は、展示デベロッパーが主導して、ランドスケープデザインと解説展示の担当者たちが話し合いつつ、「統合的なプロセス」でことを進めたからだったのだ。

特に、展示を出てすぐのところにあるパネルには凄みを感じた。ユキヒョウがどれほど高い山岳地帯に住んでいるのかを示すもので、通路の一部の木立がちょうど切れてダウンタウンの高層ビル群が見えるところに設置されている。

縦長のパネルは成人男性の身長よりもずっと高いところまで連なり、ユキヒョウが棲む巨大な山塊が描かれている。来園者はヒマラヤの山塊と高層ビルのスカイラインを交互に見て、「どっちも高いなあ」というような印象を受ける。この時点で、「ユキヒョウは高層ビルくらい高いところに棲んでいる」というふうに理解する人もいるかもしれない。高層ビルを借景にうまく使っているなあと感心する人もいるだろう。

でも、実際は、そもそも縮尺が違う。

ヒマラヤの山々のパネルの下の方に、パネル内の山の高さに応じた縮尺の高層ビルが描きこまれていて、それを見ると、高層ビルの高さなど山々の100分の1にも満たないんじゃないだろうかというレベルだ。翻って、実際の高層ビルに視線を移し、そこにもしも山があったらと想像すると、ユキヒョウの世界は宇宙まで突き抜けそうなほどのはるか上空になってしまう。

くどくどと説明したけれど、これらのことに人は、ぱっと切り替えるように瞬時に気づく。そ

―17―ユキヒョウ
食肉目ネコ科。ヒマラヤからロシア南部まで広く分布。美しい毛皮を目的に乱獲され、絶滅が危惧された。調査研究と保護が進み、IUCNのレッドリストではEN(危機)からVU(危急)にランクダウンされたが、牧畜民との軋轢や気候変動の影響が危惧される。本

して、その瞬間に、「わーっ」となる。実に、鮮やかだ。

これが一連の展示のおしまいの方だというのも心憎い。ユキヒョウの世界から帰ってきて、あらためてユキヒョウのいる世界を仰ぎ見ると、神々しいまでの高度に彼らの生息地があるのだと印象づけられる。

「ただ、作った後でも、木は育つんです。最初はもっと高層ビルが見やすかったんですが、今は見えにくくなってしまって……」と本田さんはちょっと申し訳なさそうに言った。

いくら計算しつくして作っても、時間の経過と植物の成長には勝てないという事例である。このあたりは永遠のテーマなのかもしれない。それでも、ランドスケープデザイナーと展示デベロッパーが最初から計画して、グラフィックデザイナーも交えて考えつくしたからこそ、こういうものが実現したのだということは押さえておきたい。

そして、ふと思う。「リカオン」も「ユキヒョウ」も、ひとつの動物種だけをテーマにした比較的小さめの展示だ。小さいがゆえに、ぎゅっと凝縮して、細かいところにまで神経が行き届いたものになった。映画でいえば、短編映画だ。

では、「コンゴ」のように複合的で重層的な、超巨編映画のような展示は、どうなるのだろう。

本田さんが、ニューヨークでＥＧＡＤにかかわるまでと、ＥＧＡＤの基本的な成り立ちを理解したわけだから、今度はもっと大きなプロジェクトについて知りたい。本田さんが、主力としてほぼフル参加した大型複合展示、２００８年の「マダガスカル！」を一緒に歩いていこう。

第4章
マダガスカル!

あらためて問題設定〜「保全」と「自然体験」について

本書のための取材を始めた時点ではブロンクス動物園の高水準な展示がいかに作られていくのか興味津々という程度の雑な関心の持ち方をしていた。それが今、概略を知るにつれて、だんだん関心の焦点が絞られてきたと思う。ここから先、本田さんと一緒に歩きつつ、もっと具体的な疑問を頭の中に入れておこう。

それは、2点だ。

動物園というのは、野生動物がいる生息地、自然環境への窓である。だから、ブロンクス動物園をはじめとするWCSの展示は、生息地、自然環境を護るための「保全への門口《かどぐち》(Gateway)」として設計されている。

ならば、それはいかに実現されうるのだろうか。「統合されたプロセス」という概念がすでに出てきて、そのやり方では、展示デベロッパーというキーパーソンが「脚本」を書き、解説展示の担当者も最初からかかわると知った。でも、まだまだ、別の要素があるはずだ。だから、もっと詳しく話を聞きたい。これが1点目だ。

もう1点は、本田さんの強い信念と「夢」にかかわることだ。本田さんは、動物園、水族館での体験が「保全」へとつながるだけでなく、「自然体験への門口」であるべきだと考えている。現時点で、それはまだ実現していないというのだが、萌芽として捉えられることはすでにあるのではないだろうか。こちらも気にかけていきたい。

本章ではまずは前者「保全への門口」を中心に見ていくことになるけれど、「自然体験への門口」の方も頭の片隅に起きつつ、読み進んでいただければと思う。

ライオンハウスがエコビルディングに

2008年にオープンした「マダガスカル！」は、1903年に作られた古い「ライオンハウス」[01]を改修したものだ。1899年が開園の年だから、最初期に作られた展示のひとつだろう。外から見ると、あちこちにライオンのレリーフがほどこしてあり、まさに百獣の王ライオンの居所としてデザインされたことがわかる。

「最初にできた建物群のひとつですし、ブロンクス動物園を作った動機、時代背景をよく反映していて〝市民の誇り〟〝その象徴としての動物園〟という感じで、歴史的建造物に指定されています。ですから、もはや外観は一切いじれません。そこで、四方の壁だけ残して、中を完全にくり抜いて新しい展示にしたわけです」

改修というにはちょっと規模が違う話で、動物園を象徴する、市民の誇りとも言える建物を保存

01 ライオンハウス
写真：1906年のライオンハウス、ヒョウの展示

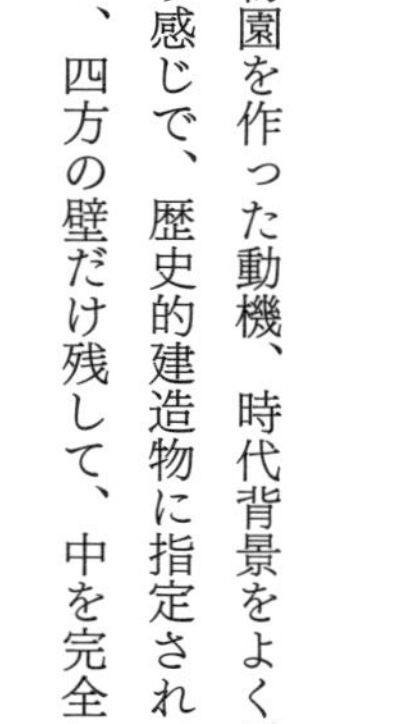

するためにかなり大掛かりなことをやっている。結果、ちょっと不思議な感じがしなくもない「ライオンハウスにマダガスカル展示」（マダガスカル島にライオンはいない。念のため）ということになった。

おまけに、フル改修するにあたって、21世紀にふさわしい環境に配慮した建物[02]にしたことも、あらたな「誇り」として語られている。航空写真や衛星写真を見ると、屋根のかなりの面積が何か白い素材で覆われているのだが、これはガラスやソーラーパネルではなく、特殊なフィルム素材だ。太陽光を調節して取り入れ、必要に応じて外気を入れたり密閉したりすることができるという。これによって消費電力が削減できるし、また、使う水についても、独自処理して再利用するので、従来型の4割ほどの消費でまかなえるという。様々な面で、建物としての環境性能を追求している。

[02] 環境に配慮した建物
この建物はグリーンビルディングの環境性能評価システムLEED（https://www.gbj.or.jp/leed/about_leed/）でゴールドの認証を受けています。第1章18ページに登場するグローバル保全センター（CGC）も。本

｜上｜「マダガスカル！」の建物は古い雰囲気を保っている
｜中｜レリーフから「ライオンハウス」であることがわかる
｜下｜エコビルディングであることを強調した解説パネル

ライオンハウスで何をやろう？

さて、「マダガスカル！」は、ブロンクス動物園にとっては最新の大型展示のひとつだ。あくまでひとつの建物の中に作られたものなので、「コンゴ・ゴリラの森」と比べるとかなり小ぶりなのだが、それでも、何種類もの霊長類（原猿類）、ワニやリクガメなどの爬虫類を集めた総合的な複合展示として、ブロンクス動物園を代表するものであることは間違いない。

以前の章で、1941年にオープンした「アフリカの草原」を皮切りに、分類群ごとの展示をやめて、生息地ごとの展示を作っていく流れができたと述べたけれど、「マダガスカル！」はまさにその流れの中にある。そもそも「ライオンハウス」が空になったのも、まずは主であるライオンが「アフリカの草原」へ、一緒に展示されていた大型ネコ類も他の展示へと転出していったからだった。

また「マダガスカル！」は屋内型の熱帯展示なので、1985年にオープンして一世を風靡した「ジャングルワールド」の直接的な後継と位置づけることもできる。さらに、20世紀の掉尾を飾った「コンゴ・ゴリラの森」の後で、WCSの今後の方向性を打ち出すものとしても注目された。ここまでブロンクス動物園を見てきた我々、つまり、読者やぼくには様々な意味で興味深いはずだ。

「まず最初に――」と本田さんは切り出した。

「そもそもの話なんですが、どういうふうにして、このような展示を作ろうという話になるのか、最初の一歩の部分を知りたい人が多いと思うんです。僕自身、それが最大の疑問のひとつで、EGADに勤める前に質問したのを覚えています。でも、実際に中に入って実感したのは、新しい展示の企画は色々な現実的な理由で生まれるものなんですよね。施設が老朽化したからとか、裏で飼っている動物を展示したいとか、園内のこのエリアを活性化したいとか、そういう要請があって、じゃあどんなものにしようかという話になるわけです。まったく白紙の状態から〝こういうメッセージを伝える展示を作ろう〟となることはまずありません。今から思えば、当たり前のことなんですが、出来上がった展示の出来栄えがすごいと、やはり〝どうして〟と思うわけです」

たしかに、ブロンクス動物園を訪ねた知人の感想でよくあるのは、「そもそもなぜこんな展示を作ろうと発想できたのだろう」というものだ。もちろん飼育の妙、デザインの妙、施工の妙、様々な注目ポイントがあるわけだが、それでも、根本的な問いとして「なぜ？」と感じてしまう。それは、小説にせよ、音楽にせよ、絵画にせよ、出来上がった作品について「そもそもなぜこのようなものを？」と感じる人が多いのと同じ理屈かもしれない。ぼく自身、小説作品を気に入ってくれた人から同じような質問をされることがある。そんな時にきまりが悪いのは、種明かしすればかなり現実的な、身も蓋もないところから始まっていることも多いからだ。

と同時に、いつも思うのだが、様々な具体的な事情や、制約条件は、発想に縛りをかける面がありつつも、作品性を高める力としても作用することがある。そして、「マダガスカル！」の場合も、空き家になって久しい「ライオンハウス」で何をやろう、というところから出発しているのである。

ビッグ・アイデアはなんだい？

「マダガスカル！」がオープンしたのは２００８年だから、２０００年に着任した本田さんにとって、最初期からかかわった「作品」なのではないだろうか。「ライオンハウス」の再活用法については長年の議論があったと聞いているけれど、今の形に結実する第一歩を本田さんは当事者として知っているはずだ。

「実はそうでもなくて。〝コンゴ〟ができる前にさかのぼるくらい、長い間検討されていて、僕がWCSに入った時は、もう〝ライオンハウスの展示はマダガスカルにする〟ということに決まっていました。ですから、やはり途中参加です。それでも、そこそこ、自分がやったことが形になって残っています。たとえば、この入り口のサインですとか――」

本田さんが指差したのは、建物の前の植え込みで囲まれた空間に立っている大きな縦長のサインだ。高さはゆうに10メートルくらいあって、文字ではなく切り絵ふうの動物のシルエットを使い、ここが「マダガスカル！」の入り口だと示している。描かれているものは、フォッサ[03]、カメレオン、各種キツネザルというふうに、ほとんどがマダガスカル固有種だ。知らない人でもちょっと風変わりな動物たちだとその形からわかる。

「このサインも、出来上がったものが最適のデザインだとは思わないんです。いろんな都合で、これが残っちゃいまして。本当は、マダガスカルで地元の人たちが使っている漁船の白い帆[04]のイメージで、このサインから入り口まで白い布を渡すなど、いろんなアイデアがあったんです。あと、このサインを高くしたのは、入り口が非常にわかりにくいので、どこから見ても〝あそこが入り口なんだ〟ってわかるようにしたかったんですね。だから、実は、僕がデザインした時は、来園者が気づきやすいように45度、回転させていました。でも、建築デザインの法則からいうと、やっぱり建物の正面と平行じゃないと、ということになってしまったんですよね」

―03― フォッサ
食肉目マダガスカルマングース科。島内最大の肉食獣。後肢の足首の関節の可動域が大きく自在に木を登り降りする。本

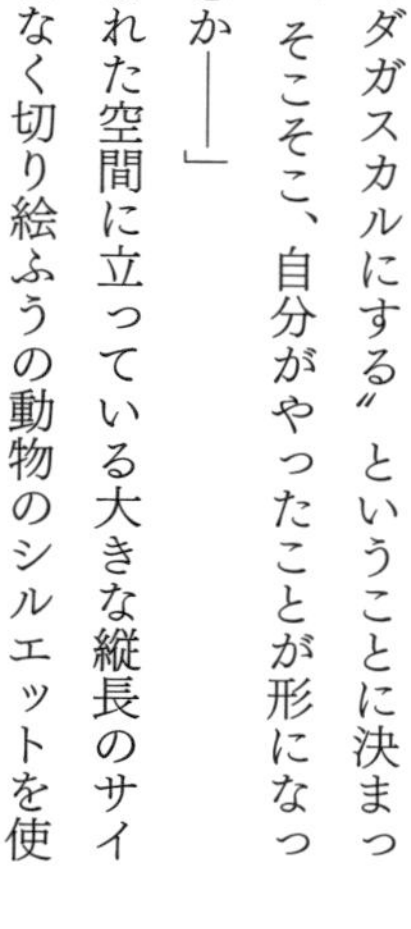

―04― 漁船の白い帆
写真のような漁船の白い帆や、首都アンタナナリヴのマーケットに連なる白いパラソルなどのイメージがありました。本

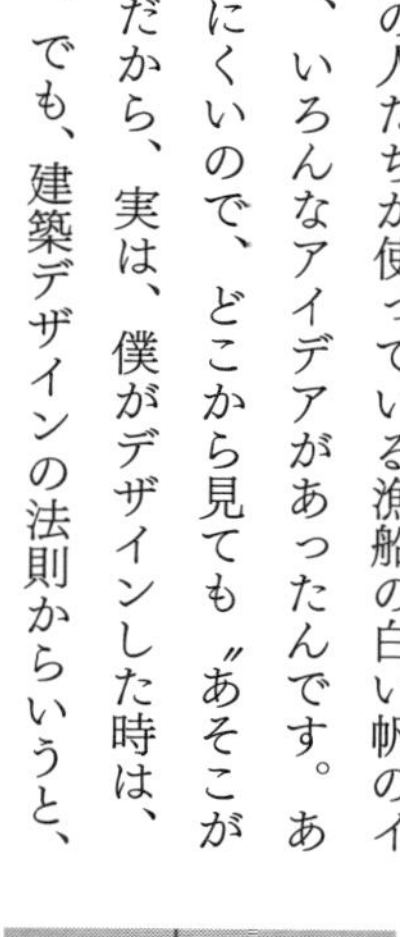

こんなふうに本田さんは、反省モードに入ってしまうのだが、そういう現場のせめぎあいを知ることができるのは、ぼくとしてはありがたい。こちらを立てればあちらが立たず、というようなトレードオフと妥協と折衷をするぎりぎりの体験は、立ち会った本人たちでないと知りえないものだから。そして、様々な意見や、様々な都合が渦巻く中で、どんなふうに意思決定をするのか。そんなことに興味がある。

そう告げたら、本田さんは思案げに顎に手をやって、こう言った。

「ならば、ザ・ビッグ・アイデアという概念をご存知ですか」と。

ザ・ビッグ・アイデア。

前章でＷＣＳが推し進める「統合されたプロセス」を見たけれど、もうひとつ、とても重要な概念を導入しなければならないようだ。

英語的な表現で、What's the big idea? と聞いたら、「ざっくり言って、どんな意図？」とか「どういうつもり？」とかいった意味になる。動物園の展示にも〝the big idea〟があるのだという。ここから先、簡単に「ビッグ・アイデア」と表記する。

入り口を示す縦長のサイン

「展示を計画する時、展示グラフィックス部門は、園長やキューレーターなどとも相談しながら、伝えるべきメッセージ、取り上げるテーマ、実現すべきゴールを設定して内容を詰めていくんです。伝えるべきメッセージをなるべく簡潔なひとつの文にまとめたのがビッグ・アイデアです。解説サインでどんなに面白い情報を提供しても、その内容がひとつのテーマ、つまりビッグ・アイデアに結びついていないと、来園者の記憶には残りません。ＥＧＡＤでは展示体験すべてを媒体と考えているので、ビッグ・アイデアは解説だけでなく修景、建築などすべてのデザインの指針となります」

つまり、ビッグ・アイデアとは、ひとつの展示を作っていくにあたって、かかわるすべての人が共有すべき基本的な考えのことだ。きちんと「みんなの約束」のように言葉に落とし込んで、常に参照するという方法をＷＣＳではとっているのだと理解するとよい。

博物館展示のカリスマ、ビヴァリィ・セレルの「展示ラベル」

展示を作るにあたって「ビッグ・アイデア」をまず掲げる方法は、１９９６年に出版されたビヴァリィ・セレル（Beverly Serrell）の『展示ラベル 解説的アプローチ』（*Exhibit Labels: An Interpretive Approach* 未邦訳）に由来しているという。

セレルは、シカゴ・シェド水族館の教育部門キューレーターの勤務経験があり、その後、独立して展示コンサルタント・展示デベロッパーとなった人物だ。著書*Exhibit Labels*[05]は、アメリカの博物館、動物園、水族館の展示関係者が必ず座右に置くベストセラーとなった。ＷＣＳのＥＧＡＤでも、セレルの流儀を取り入れて、まず「ビッグ・アイデア」を掲げる。

セレルの考えは、日本では博物館界隈の熱心な学芸員には知られているものの、動物園をめぐる論説ではあまり見ないので、すこしだけ紹介しておく。

まず「展示ラベル（Exhibit Labels）」というのは、要するに博物館で展示物の脇に掲示されている

|05| *Exhibit Labels*
Beverly Serrell, *Exhibit Labels: An Interpretive Approach*, Alta Mira Press, 1996

解説のことだ。たとえば、土器の展示で、個々の土器の出土した場所、推定年代、様式などを記したものもそうだし、あるコーナーについてまとめて「〇〇から出た〇〇式土器について」といった解説をするのもそうだ。土器のレプリカを触ることができるように置いてあるなら、「さわってみよう！」といった指示や、注目するべき点を伝える解説もやはりそうだ。展示物そのもの（この場合は土器）にすべてを負わせるのではなく、〝Exhibit Labels〟によって見方をガイドするみたいなイメージだろうか。それが、副題にある「解説的アプローチ（An Interpretive Approach）」の意味でもある。

現在は新版も出ている*Exhibit Labels*だが、あえてオリジナルの1996年版を参照すると、第1章の章題が、まさに「すべての背後に、ビッグ・アイデア（Behind It All: A Big Idea）」となっていた。

こういった種名解説のパネルも「展示ラベル」の一種だ

セレルは冒頭でこのように説き起こす。

〈展示デベロッパーの中には、展示のためにコンテンツを選ぶ時、自制心を働かさない者がいる。彼らには加減というものがなく、すべての話を盛り込みたい誘惑に抵抗できない〉

これはよくわかる。材料を集めて、それぞれ面白かったら、漏らすことなく紹介したくなるものだ。しかし、セレルはそれではいけないと主張する。集めた情報を伝えたくてたくさんの展示ラベルを作ったとしても、ほとんどの来館者にとっては単に「がっかりする体験」になってしまうというのだ。

〈良い展示ラベルの背後には、それを導く存在として説得力に長けてよくまとまった展示計画〈テーマ、ストーリー、あるいは何を伝えるかという目標〉があり、この展示計画が全体の調子を決め内容を絞り込む〉

これがいきなり本篇の最初の最初、1ページ目に書いてある。漫然と知識を並べるのではなく、テーマを決め、ストーリーを考え、ゴールを設定する。それらの背景に、展示にかかわるすべての者が共有する簡潔な「ビッグ・アイデア」を掲げよ、と。

セレルはさらに、そういった「ビッグ・アイデアの言明（Big idea statement）」が満たすべき条件について、こんなふうに言っている。

・きちんと主語と述語、結論をともなった「一文（a sentence）」であること。
・曖昧であったり、複合的であったりするべきでない。
・ビック・アイデアはひとつ。複数ではない。
・その展示が意図しないことについても含意するべき。
・ビッグ・アイデアは、人間の本性にとって重要な根源的意義を持つがゆえに「ビッグ」なのである。決して、ささいなものではない。
・展示開発のチームが最初に、一緒になって書くべきものがビッグ・アイデアだ。

以上。

なかなか含蓄がある。では、それを動物園ではどう活用できるだろうか。

たとえば、コウモリの展示

「なんでもいいんですが、たとえば、コウモリの展示を作るとしましょうか」と本田さんは言う。

ビッグ・アイデアがどんなものなのか、「マダガスカル!」の話にいきなり入るよりも、もっと単純化した例にした方がわかりやすい。だから、クライアントである園長やキューレーターから、「コウモリの展示を作りたい」と持ちかけられたと想定することになった。それも、北米にいる普通のコウモリを見せたい、と。

「これ、〝北米のコウモリを見せたい〟というふうに非常に焦点が絞られた要望があると、ビッグ・アイデアの構築をはじめとしてデザインのプロセスは結構やりやすくなります。〝ライオンハウス〟が空いているから何かやりたいね、というのとは違いますから。ちょっと考えてみてください」

話を振られて、戸惑いつつ、考えた。読者の皆さんも、自分で考えてみてほしい。

ぼくが考えたものを、あくまでも例として書いておく。

ビッグ・アイデア（仮）：

コウモリは、多くの人に嫌われているが、実は生態系の大切なメンバーであり、ニューヨークの都市環境にも適応した身近な野生動物であって、つまり、特筆すべき野生からの大使である。

さあ、どうだ。

それほど単純ではないが、色々な要素を詰めこみたくなる中で[06]、なんとか一文に収めた。ぼく

[06] 色々な要素を詰めこみたくなる
ふと「コウモリの文学史」が面白いのではないかと考えたが、これを展示の中に入れるのはかなり特定の文脈が必要だ。「コウモリと翼竜を比較したい」とか、「コウモリとペンギンを比較したい」とか、「コウモリとヒーロー（バットマンや黄金バット）を……」とか、色々思いついたもののビッグ・アイデアに採用するにはディテールすぎる。そのように思って自重したところ、「飛ぶメカニズムとか、人間の持つイメージとか、生態系のヒーローとか、解説の手法としては使えるかもしれません。要は重点の置き方と、どのようにビッグ・アイデアのサポートに使えるかどうか、ということです」とコメントをもらった。奥深い。(川)

WCSの研究者が現地の人たちとともに保全活動をする様子を伝えている

としては、一文に収めることで、やはり、盛りこみすぎになるのを抑制する効果があると実感した次第。

「これは、ありそうなビッグ・アイデアですね。ビヴァリィのビッグ・アイデア・ステートメントの要件からすると、後半の言葉の整理が必要だと思いますが、僕たちEGADではそれほど極端に単純化せず、いくつかの要素がサポートしあってひとつのアイデアを形作ることもある程度容認しています。つまり、要素的には悪くないと思います」

一応、及第点が出たようでほっとした。

ただし、告白しなければならない。ぼくは、このビッグなアイデアを語ったはいいものの、その後、自分で展開していく能力がない。動物園の展示開発など、自分でしようと思ったことがないのだから。

ここから本田さんは、怒濤のごとくアイデアを語った。

「――動物園の展示ですから、動物そのもののナチュラルヒストリーは不可欠な要素です。展示デベロッパーはコウモリについての色々な情報を収集します。その点で、〝多くの人に嫌われているが〟というのは重要なポイントで、コウモリそのものの情報だけでなく、コウモリと人との関係についても調べるでしょう。なぜ嫌われるのかということも大切ですし、悪いイメージを払拭するための情報やメッセージをどうするか、ということも重要になります」

「――〝生態系の大切なメンバー〟については、たとえば、昆虫などを食べてその数をコントロールしたり、植物の受粉にかかわったりする生態系サービスの機能ということになるでしょう。他にも、超音波を出してその反響で周囲の状況を知るエコロケーション（echolocation）ですとか、飛ぶことができる哺乳類であることですとか、〝コウモリってこんなにすごい〟ということが伝わるような情報を集めるでしょう」

「――WCSの場合はどうしても保全というテーマを考慮しておく必要があります。実は、たまたまブロンクス動物園周辺に生息するコウモリを調査しているキューレーターがいるので、研究調査活動とも結びつけるのは容易です。それから、北米のコウモリの大量死を引き起こしている白鼻症候群という真菌の感染症が大きな問題になっているので、WCSのフィールド部門や野生生物医学・衛生に関する部門でどんな活動をしているのかも情報収集のポイントになります。同時に、一般の人はコウモリのために何ができるのか、というのも重要なポイントですね」

まことに怒濤のごときアイデアの展開だった。

今あげられたどの要素を実際に展示に反映させていくかは、園長やキューレーターの意向や、現実にWCSで行っている保全・調査活動の内容、そして動物展示の内容などを勘案して決めることになる。

マダガスカル！へ

なんとなくではあるが、自分でビッグ・アイデアを構築するところまで体験したので、いよいよ本論だ。「〝ライオンハウス〟で何をやろう」から始まった「マダガスカル！」では、こんなビッグ・アイデアが掲げられた。

〈美しく驚きに満ちた土地であるマダガスカルをモデルとして見た時、そこでの自然環境保全のあり方は世界中で応用可能であり、また実際に使われてもいる（"The principles of conservation as seen through the model of Madagascar, a beautiful and wondrous place, can and are being applied to conservation worldwide"）〉

短いとはいえ、いくつかのことを読み取れる。

まず、マダガスカルが「美しく驚きに満ちた土地」であること。

マダガスカルでは、自然環境の保全活動が行われていること。

さらに、そのような保全活動はマダガスカルにかぎらず、全世界で行われるべきだし、実際に行われていること。

結局、マダガスカルの自然が素晴らしいことを強調した上で、保全活動についての意識を持ってもらおうという意図が見えてくる。

ＷＣＳにとって、自分たちが現地で行っている活動というのは、最強のコンテンツなのだろう。また、「保全への門口」になるべきという考えを素直に反映しているとも言える。

実を言うと、本田さんは、このビッグ・アイデアを、「必ずしもよいものではなかった」と評価しているのだが、それについては後述する。ここでは掲げられたアイデアに貫かれて、「マダガスカル！」がどんな展示になったのか見ていきたい。

隔絶された島

「マダガスカル！」の入り口の壁には、抑制がきいた色合いの美しいモザイク画の地図が掲示されている。渋い黒のアフリカ大陸や、紺色に近い海とタイルの並びで示された「海流」のようなものに囲まれて、マダガスカルだけが金色に輝いている。

「もとはといえば、僕のスケッチから発しています。マダガスカルって〝何なんだろう〟〝どこなんだろう〟とか、アメリカの人は知らない人が多くて、この展示を作っている時も、マダガスカル〝Madagascar〟を、アメリカで人気がある車のレースの〝NASCAR〟と勘違いした若いアルバイトのスタッフもいたくらいです。それで、マダガスカルはアフリカの東側にある大きな島だということをまずはっきりさせたいということと、さらに、生物相の大半が固有種だということがビッグ・アイデアをサポートする重要なメッセージなので、〝孤立している〟〝隔絶されている〟というのを印象づけようとしたわけです」

そのような意図なので、マダガスカルの縮尺も正確ではなく、実際よりも大きめにして誇張している。また、海流に見えるものも厳密に本物の海流に対応しているわけではない。あくまで「イメージ」だ。アフリカの近くにあるけれど、大陸からは切り離された大きな島。そんなことをまず理解してほしいというところから始まる。

目を凝らして見ると、「海流」の上に文字が彫り込まれていることに気づいた。

「〝マダガスカル〟という言葉から連想してほしいような言葉をちりばめてあります。世界で4番目に大きい島だとか、アフリカ大陸から250マイル離れているとか書いてあるんです。とても

｜上｜マダガスカルの位置を示すモザイク画
｜下右｜孤立、孤絶、孤独を示すようなキーワードがちりばめられている
｜下左｜本田さんが、デザインチーム内でのイメージの再確認とアイデア出しのために描いたスケッチ。鉛筆の方は、海流を使って孤立感を、色がついた方は、立体の焼きもののタイルのような質感を表現

纖細すぎてなかなか気づきませんけどね」

文字を拾っていくと、〝Separated from Africa〟〝Isolated island〟〝Evolution in isolation〟〝Remote〟など、孤立、孤絶、孤独を連想させる単語やフレーズがちりばめられている。このあたりは気づいた人へのボーナスというところだろう。

映画『マダガスカル』の影響

なお、「アメリカ人はマダガスカルを知らない」という現実は、「マダガスカル！」の展示が出来上がる前に公開された、ドリームワークスの映画『マダガスカル』[07]（2005年）によって劇的に改善された。

物語は「セントラルパーク動物園にいたライオン、シマウマ、キリン、カバ（いずれもアフリカ大陸の動物）がマダガスカルに流れ着き冒険する」ものなので、ニューヨークと非常に関係が深い。だから、当時、映画と展示がコラボしているのではないかと感じた人も多かっただろう。でも、実際にはそのようなことは一切なかった。それぞれ独立した企画だ。

それでも、先行した映画によってマダガスカルの知名度が上がったのは間違いなく、本田さんが自ら展示を歩いていて来園者を観察していると、「わあ、映画に出てたフォッサ（マダガスカルの固有種の肉食獣）だ！」と子どもたちが会話するような場面が当初、見られたそうだ。フォッサは、一般にはあまり知られていないマイナーな動物だが、映画ではラスボス的な役を与えられている。

もっとも、映画の影響は一過性のものだと考えておくべきなので「知っている人が少ない」ことを前提としたまま展示は完成した。

07 映画『マダガスカル』　ドリームワークス制作のアニメーション作品。ニューヨークの動物園から逃げ出した4頭の動物たちが繰り広げるコメディ。2005年公開。Ⓙ

ツィンギの崖の上でキツネザルと握手する

最初の展示は、「ツィンギ」[08]だ。

マダガスカルには実に多様な自然があるのだけれど、ツィンギは奇岩地帯として知られている。石灰岩が侵食された尖った丘がいくつもいくつも連なり、その合間を木々が埋める景観だ。マダガスカルという島自体が、他の陸地から隔絶された独特の環境だが、ツィンギは「孤島の中の孤島」とすら言われるさらに隔絶した場所である。

展示のビッグ・アイデアの中にある「美しく驚きに満ちた土地」であることを表現するのに適した選択であると思う。

ツィンギからは「崖（cliff）」と「洞窟（cave）」、ふたつの景観がピックアップされており、まず最初に見ることになるのは、「崖（cliff）」の方だった。奇岩の中腹あたりから森を横から見る形で、キツネザルの仲間のコクレルシファカを観察できる。

でも、それよりも前に、最初に目に飛び込んでくるのは、2頭のキツネザル（シファカ）のブロンズ像だ。入ってすぐのところにいて、そのうち1頭はこちらに手を差し伸べている。キツネザルがマダガスカルを代表する生き物であることは間違いないが、いきなりブロンズ像があるというのはどういうことだろう。

「マダガスカルを代表する生き物とはいっても、じゃあ原猿類（キツネザル）とはそもそも何者か説明しないと先へ進めないわけです。でも、『彼らも霊長類（Primate）ですよ』と言っても、普通の人は『霊長類って何？』ということになってしまうかもしれません。正面切って説明するには

—08—ツィンギ

「ツィンギ・デ・ベマラ厳正自然保護区」はマダガスカル島の西部にあり世界遺産にも選ばれている。ツィンギは現地の言葉で先の尖ったものを意味するらしい。(川)

Tsingy de Bemaraha Strict Nature Reserve in Madagascar. Photo by my father (.who approves) on May 1998. is licensed under CC BY 3.0

哺乳類の分類まで話を広げた展示をまるまるひとつ作らなければならないかもしれない。でもここで一番理解してほしいのは分類学的な知識ではなく、キツネザルも人間も霊長類で、親戚どうしだよということです。親戚として親近感を覚えれば、それだけその後のストーリーにも入って行きやすいし、守らなければいけないという気持ちも持ちやすくなります。どうしたら直感的にわかってもらえるか。きっとキツネザルと自分の手を比べると、〝人間に近い〟と感じられるだろうということで、キツネザルが手を出している像を提案したんです」

つまり、キツネザルのブロンズ像がそこにあるのは、ちょっと不思議なルックスをした彼らがやはり霊長類の仲間だということを強調するためだ。日本語では、「キツネザル」にしても、「原猿類」にしても、言葉の中に「サル」「猿」が入っているが、英語では「リーマー（Lemur）」なので、それだけでは〝monkey〟や〝ape〟との関係がわからない。

手を差しのべている下の方のキツネザルの手のひらをよく見ると、かなり変色しており、子どもたちがここを触っていることは間違いない。もっとも、この銅像を置く場所については、当初、もっとビューポイントに近いところのはずだったのだが、実際には「入り口を入ってすぐ」のところに調整された。建築デザイン・ランドスケープデザインの側から、「生きている動物を観ているのに、同じ場所にリアルな銅像があると不自然だ」という意見が出たからだという。「マダガスカル！」は、景観を重視する意見が強く、解説展示側は妥協を強いられる部分が多かったようだ。つまり、「統合されたプロセス」のバランスが悪かったともいえる。

「たとえば、解説サインを展示の正面に置くのも嫌がられまして、サインの素材についてあまりやってはいけない判断をしてしまったかもしれません。半透明のガラスにして、周りに溶け込むようにした結果、簡単に付け替えができなくなってしまいました」

半透明のガラスの種名パネルは美しくはあるが、特殊な加工をするので、展示する種が変更になったりした時などには、園内のサイン工房で作り直すのではなく、あらためて外に発注しなければならない。作って10年、20年たつと、最初の時に頼んだ会社がなくなってしまうこともよくあるので、付け替えのニーズが時々あるものをこれにしたのは間違いだったかも、という話だ。建設時の業者がなくなってしまった例としては、すでに「コンゴ」の映画の演出システム（カーテンの開閉）を紹介した。

それでも、ぼくの目には、ガラスの解説パネルは美しく、放飼場のキツネザルたちを見る時に、「邪魔にならないけれど、視線を落とせばそこにある」ように設置されているのは、さすがのWC

|上| ツィンギの森の区画
|中| キツネザルが手を差しのべている
|下| 基本的なサインの設置場所と、サインによらない彫刻などでどうメッセージが伝えられるか確認と共有のために描いたスケッチ

Sクオリティなのだった。

Only in Madagascar!

「ツィンギの崖」に続いて「ツィンギの洞窟」に向かうわけだが、その間をつなぐ小さな区画を通り過ぎる際〝Only in Madagascar〟というキーワードが目に飛び込んできた。

「マダガスカルの生き物のユニークさを伝えるために、〝Only in Madagascar〟という、キャッチフレーズを考えたんです。それが通って、そのまま使われています。正攻法で固有性（endemism）とか固有種（endemic species）という用語を使うと、堅苦しくなってしまうし、パッと伝わらないのでどうしようかと考えてのことです。あとは、絶滅したエピオルニスが、ザーッと走る姿を壁に投影して見せるとか、最初の頃、デザインチームはそういうアイデアを考えていましたね」

エピオルニスとは、17世紀頃まで生息していた巨大な鳥だ。『千夜一夜物語』（アラビアンナイト）のシンドバットの冒険の中に出てくる「ロック鳥」[09]のモデルだと言われているが、実際はダチョウを大型化したような飛べない鳥だった。背の高さは3メートル以上、体重は推定400〜500キログラムもあったと考えられており、「エレファントバード」とも呼ばれる。

そのエピオルニスについて、実際にできた展示というのは——

まず、壁から浮き出した立体物の巨大な卵がある。子どもたちは「恐竜の卵！」と思うかもしれない。そこに「この卵は誰が産んだのでしょうか」という問いかけがあって、実際に卵に触ってみると、壁に巨大な鳥の骨格が浮かび上がる。気づいて触った人だけが体験できるご褒美のような仕掛けだが、ぼ

—09—ロック鳥
インド洋、中東地域の伝説に登場する巨大な鳥で、『千夜一夜物語』のシンドバッドの冒険の中にも登場する。ヒナに食べさせるためにゾウを持ち上げて飛ぶ挿絵がよく知られている。マダガスカルとの関連では、マルコ・ポーロの『東方見聞録』で、現地の人が「ルク（Ruc）」と呼ぶ巨鳥が記述されており、これはエピオルニスがモデルになった可能性がある。川

｜左｜卵を触ると全身骨格が浮かび上がる ｜右｜本田さんが描いたエピオルニスのスケッチ

くが見ている時間帯には、ひとりの子どもが触って「おおっ」となり、その後、我も我もと触る子どもたちが連なっていった。

「骨格だけなのは、絶滅している鳥だからです。壁を走らせるのはともかく、骨格のシルエットで首が動いてこっちを見る、みたいにしたかったんですが、結局、止まった絵になりました。それでも、僕のスケッチから始まって、施工に至るまで、かなりかかわって作ったものですね。触ってもらう卵に対して、骨格のグラフィックスをどういう大きさで作ればいいとか、結構、細かい数字でチェックしていかないとできないものなので」

今、生きているどんな鳥とも違うエピオルニスは導入部で、それと並んで、スクリーンに投射される短い動画が、〝Only in Madagascar〟というキャッチフレーズを投げかけてくる。画面が早いテンポで切り替わり、様々な動植物を映しては、〝Only in Madagascar〟と「マダガスカルにしかいない」と強調する。

「マダガスカルの生物相を語る際には、固有種が異様に多いってことが基本的に欠かせないわけですけど、それを、通り抜ける間にわかってもらおうと、色々な固有種が、ぱっぱっと出てきて切り替わる映像を作ることになりました。立ち止まらなくても、歩いて見ている数秒の間にも印象づけられるように。[10]結局、画面を分割して、何種類かの固有種の動物が出て、次に植物の固有種が出て来る間に、〝Only in Madagascar〟って言葉を入れたら、通りすがりでも1秒か2秒の間に多様性について理解してもらえるのではないかと考えました」

この〝Only in Madagascar〟というキャッチフレーズは、このコーナーだけではなく、すべての固有種についての解説ラベルの種名のところに表記されている。展示されているほとんどの動物が〝Only in Madagascar〟であって、ひとつ一つ見ていくと、とんでもなく固有種が多いということがそこからよくわかる。

ツィンギの洞窟

石灰岩の奇岩地帯であるツィンギには、今も石灰岩を侵食し続けている地下水脈があり、水に浸った洞窟がたくさんあるという。そして、そこにはナイルワニを頂点捕食者に頂く、とても印象的な生態系が形成されている。

さっき見た崖の上からの光景とつながっているのに、ここはまさに異世界のような雰囲気をまとっている。洞窟、地下水脈というエキゾチックなランドスケープを忠実に再現し、そこに、やはりエキゾチックなナイルワニがいるというのだからたまらない。屋内展示であるがゆえに、洞窟内という設定は、すんなりと馴染む。ぼくがまず思ったのは「こんなとこあるんだ！　ぜひ、実物を見てみたい！」だっだ。

少なくとも生息地への「窓」の役割は、ぼくに対しては十分すぎるくらい作用した。ぼくはさ

―10― **数秒の間にも印象づけられる**
僕のアイデアが採用されたのものの、実制作には参加しなかったので、思ったよりもはるかに長すぎる映像となり、結果的に通りすがりに見ただけではわからないものになってしまいました。未だに残念なことのひとつ。フィルム製作会社のサイトで閲覧可能：http://www.archipelagofilms.com/museum-exhibit 本

ほど遠くない将来、ツィンギを訪ねると思う。20年ほど前にマダガスカルを訪ねた際にはツィンギは秘境中の秘境で、アクセス手段がなかった。それどころか情報すらほとんどなかった。でも、ブロンクスの展示を見たら、うずうずしてしまう。

解説展示的な面では、等身大ナイルワニの絵が目に入った。ここはビューポイントが、上段と下段に分かれているのだが、間を曇りガラスのパネルで仕切ってあり、そこにワニの透視図のようなものが描かれているのだ。さらには、頭骨のレプリカがその透視図と組み合わせて設置されており、ちょっと凝った雰囲気になっている。

これについて、本田さんはこんなふうに話した。

「〝合議によるクリエイティヴ・プロセスは凡庸さを育む〟っていう言葉があるんですけど、今のEGADはそれを体現しちゃっているところがあるかもしれません。僕が入った頃の上司は相当クレイジーな人で、僕たちはそれをなんとか実現可能なところまで引きずり降ろして作るパターンでした。でも、彼が引退してから、その役割を引き継ぐ人がいなくなってしまって。要するに、具体的なところに引きずり降ろすことをやっていた人や、〝クレイジーなアイデア[11]のおかげで痛い目にあった〟っていう経験がある人が集まってやっているので（笑）」

具体的にはどういうことなのだろう。ワニのイラストは、たしかにクレイジーなところはまったくなくて、展示の中にうまく溶けこんで馴染んでいる。これを凡庸というなら凡庸なのかもしれないけれど、なぜ本田さんはここでそんなことを言い出したのか。

「たとえば、ワニがニワトリのように石を飲みこんで、消化しているのを解説するのに、ワニの模型のお腹に手を突っこむというのはどうか、という提案をしました。手を突っ込んでみると、

11 クレイジーなアイデア　ブロンクスは世界ではじめてハダカデバネズミの展示に挑戦した動物園のひとつですが、この展示をWorld of Darknessの中に付け加える時、トンネルの存在をまったく見えないようにしてハダカデバネズミが中空を行き来しているように見せられないか、などということを考えたこともあったようです。本

| 上 | 地下水脈に浸された洞窟の景観が再現されている
| 下右 | 洞窟内の水面は神秘的に見える
| 下左 | ナイルワニの「凡庸な透視図」は「ない方が水中がストレートに見えてよかったかもしれない」と言うが……

中からキツネザルの骨が出て来るかもしれないとか。でも、これは〝だんだん汚くなる〟〝掃除が大変だ〟〝衛生上困る〟とか管理上の理由があったり、〝お腹に手を突っこむ〟という部分で、ワニに対して畏敬の念を持つには逆効果かもしれないというのでわりとすぐにボツになりました。そこで、アニメーションでワニがドシドシドシッ！　って歩いてきて、魚とかキツネザルを飲みこむような仕草をして、ゲップを出すデモも作ったんですが、結局、いろんなことで取捨選択が進んで、最終的に行き着いたのが〝透視図〟と頭骨のレプリカの組み合わせです。これについて、僕自身の評価は〝伝えようとすることが伝わらず、どうでもいいものになった。下手すればない方が水中がストレートに見えて良かったかもしれないくらい〟というものです」

ちょっと別方向に会話が流れてしまいつつ、さらに次の区画へ。

ブロンクスの複合的な展示は、「コンゴ」もそうだったけれど、大きく空間を使った大型の展示スペースと、小動物を飼育しつつ情報を中心に展開する展示スペースが、交互に繰り返すのが定石になっている。「ツィンギ」の次の「小さな驚異、大きな脅威（〝Small Wonders, Big Threats〟）」は、小動物と情報が多めの区画だ。

小さな驚異、大きな脅威

足を踏み入れると、映像がうわーっと迫ってくる。

第一印象は、「映像がいっぱいの廊下」。

ツィンギの崖や洞窟、そして、〝Only in Madagascar〟のコーナーでは、マダガスカルの自然がものすごいこと、固有種がきわめて多い、独特の生態系であることを強調してきた。つまり、「マダガスカルは、美しくも素晴らしい場所」であることを五感で納得してもらえるように設計されていた。もちろん、それぞれのパートで、WCSがどのようにかかわっているか説明はあるのだが、情報の主従としてはあくまで「従」だ。

しかし、ここから先、マダガスカルの自然が素晴らしいことに加えて、それらが危機に瀕しており、保全の必要がある場所だということがテーマとして浮かび上がってくる。

「小さな驚異、大きな脅威って、日本語にすると掛詞みたいになりますね。ここには、大きいスクリーンと小さいスクリーンがあって、小さい方は驚きの方の驚異、Small Wondersです。飼育している小動物の種名ラベルをそれぞれ映像にして映しています。一方、3つある大スクリーンの中には熱帯雨林が映し出されていて、そこに小スクリーンの小動物たちが動画として飛び出してきます。そうやって、自然の驚異を印象付けた上で、その熱帯雨林が伐採されたり燃やされてしまったりする脅威、つまり危機、Big Threatsを訴え、それでも保全の活動でやがて焼け野原は再生していって、最後はWCSのスタッフやら子どもたちやらが重ね合わされる趣向です」

マダガスカルの動物たちに迫る危機を伝えてあまりある。さらに、WCSが現地で危機に対処し、破壊された環境が再生する様も描かれ、現状の認識と改善策がセットになっているのだった。

「トゲだらけの森」とホウシャガメ

「マダガスカル!」最大の展示は、「トゲだらけの森（Spiny Forest)」だ。

Nesting in the Spiny Forest
Red Fody
Gray-headed Lovebird

| 右 |「トゲだらけの森」展示の景観。残念ながらニューヨークの農務省担当官の判断で、現在はネットが張られている

| 左上 | マダガスカルのトゲトゲ植物が植えられており、ワオキツネザルが食べていた

| 左中 | ブラウンキツネザルも植えられた植物を食べていた

| 左下 | ホウシャガメがいる河床部分

マダガスカル南部や西部に多い乾燥地の森を再現している。擬木の樹皮にもトゲがあるし、植えてあるマダガスカル産の植物もトゲトゲだ。一見、荒れた雰囲気の森に、ワオキツネザル、ブラウンキツネザル、ワオマングース、ホウシャガメといった動物たちが住んでいる。鳥の声が聞こえたと思ったら、小ぶりのインコが群れで活発に飛びまわっていた。

景観として実によくできていて、美しい。動物たちの動きも伸びやかだ。のんびりと見ていたくなる。

地面の上を歩くホウシャガメを指差しながら、本田さんは目を細めた。

「実は、オープンして8年くらいたってから、ようやくホウシャガメのところが機能し始めて、美しい展示になってきたんですよね。最初はホウシャガメをちゃんと飼えなかったので、本当によかった」

これはいったい何があったのだろう。当初、ホウシャガメが飼えなかった理由とは？

「ホウシャガメがあちこち行ってしまわないように、干上がった河床を模した景観を作ってそこに入れてあります。つまり、この空間では一番低い位置にいるんです。すると、来園者通路から空調の冷気が流れ込んできて、ホウシャガメは冷たい空気にさらされて、食欲が落ちたりして体調を崩してしまいました。ホウシャガメは、マダガスカルの中でも特に暑いところで、強い日光にガンガン照らされながら生きている種ですから。それでいったんホウシャガメを展示から引き上げて、床暖房を強化したり、観覧通路の下の部分に赤外線ランプなどをつけたりした結果、問題なく飼育できるようになったわけです」

本田さんはいつも展示の空間の使い方や解説の部分を気にしているわけだが、実はそれ以前に動物を気にしている。動物がいなければ動物園ではないし、適切に飼育できていなければ解説展示どころではない。やはり動物園は、飼育できてこそ、なのだ。そして、ホウシャガメを見つめる本田さんの目を細めた様子は、「ただの生き物好き」に他ならなかった。

「ディスカバリーゾーン」へ

「トゲだらけの森」は、景観としてよくできているだけでなく、放飼場から来園者の空間までがひとつながりに感じられるようになっている。かなりの数のマダガスカル固有の植物が植えられており（中には1株2000ドルもするものもあるという）、それらが放飼場だけでなく来園者側にも広がっている。擬岩なども動物側から来園者側へと切れ間なくつながっていて、仕切りにもガラスを使わずに見えにくいネットがあるだけだ。

そんな「ひとつながり」の〝イマーシヴ〟な景観の中で、視線を動物たちから自分自身の周辺に動かすと、そこかしこに生き物たちの痕跡が散らばっていることに気づく。通路を歩いていたつもりが、実はいつの間にか動物たちの生息地に入り込み、あれこれ探求してみようと誘われる。それが「ディスカバリーゾーン」だ。

たとえば、擬木の樹皮をはがすとインコの巣が見つかる。岩をちょっと持ち上げると、その下ではホウシャガメの卵がまさに孵化しようとしているところだ。たぶんここで子どもたちに「10個、何かを発見しておいで！」と言ったら、目を輝かせてあちこち探しまわり、もっとたくさん何かを見つけてくるだろう。

「ここにありますね」と本田さん。

「これ、北米原産のウチワサボテンですけど、マダガスカルにも入ってしまって、今はホウシャガメも、キツネザルも、人間も食べているものです。食痕から誰が食べているかわかるでしょうかというようなことを、解説しようとしています」

ウチワサボテンは、あちこちで外来種として厄介者扱いされており、ＩＵＣＮが選んだ「世界の侵略的外来種ワースト１００」[12]に名前が挙げられているほどだ。だから、ここは侵略的な外来植物の問題と、〝Only in Madagascar〟な動物たちの行動の両方を同時に見ていることになる。

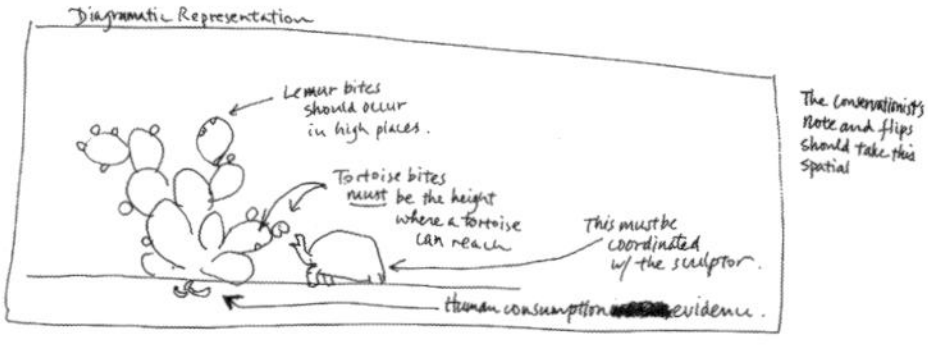

｜上｜ホウシャガメとウチワサボテン
｜中｜ウチワサボテンには様々な食痕がついている
｜下｜ウチワサボテンを製作する展示工房に、どこに誰の食痕がついていなければいけないかを模式図で説明したスケッチ。サボテンは大きすぎて写真のような最終形となったそうだ本田さんの語りはどことなく懐かしげである。

さっきのインコの巣にしても、サボテンの葉っぱについた食痕にしても、本田さんのスケッチに発して、形を得た。10年近く来園者の探求の対象になり続けていると補修しなければならない部分がたくさん出てくるので、本田さんは例によって逐一写真を撮ってメモを書いていた。

科学者の日記と「観察ステーション」

そんな中、ぼくが注目したのは「科学者の日記」だ。手書きふうの文字で記入されたフィールドノートのようなものが、あちこちに掲げてある。規則的に並んでいるわけではないので、探して見つけなければならない。

たとえば、

〈19日目、露出した小動物のトンネルを見つけた。そこにいたのは――〉

フィールドノートは途中で破れていて、その「巣穴」をのぞくように促される。すると、小さなネズミの頭が見える。

このノートは本当に延々と続いていて、追いかけていると日数がどんどんかさんで、最後はこんなことになってしまった。

〈92日目、マングースを村のとても近くで見つけて驚いた。ここは安全な住処ではない。適した場所が見つからずに、ここに居着かざるをえないのだろう〉

―12― 世界の侵略的外来種ワースト100
国際自然保護連合（IUCN）の種の保存委員会が定めた、「本来の生育・生息地以外に侵入した外来種の中で、特に生態系や人間活動への影響が大きい生物」のリスト。哺乳類ではイエネコ、ハツカネズミ、両生類・爬虫類ではウシガエル、アカミミガメ、魚類ではコイ、オオクチバス、ブラウントラウト、陸上植物では、クズ、イタドリなど身近なものが挙げられている。地域によって侵略的な挙動を示すが、原産地では絶滅危惧種である場合もある。（川）

それにしても、この「科学者」は、スーパーナチュラリストだ。個別の専門分野にとらわれることなく、マダガスカルの半乾燥地帯の野生生物、すべてに関心を持ち、目にしたものを記録していく。これは、「子どもの目」に近いとぼくは感じる。疑問もしばしば書き付けて、それについて回答をさがすように来園者は促される。

こんなふうにノートを追ううちに、「観察ステーション」と呼ばれるエリアに入り込んでいた。同じ「トゲだらけの森」の一角で、とうとう科学者の拠点にたどり着いたというふうに感じられる。

ある解説展示にはこんな問いかけがあった。

〈このキツネザルたちは何をしているのでしょう――ワオキツネザルの行動を理解することで、科学者たちはワオキツネザルとその環境を守る戦略を立てることができます〉

たとえば、尻尾をあげて対面している2頭の絵があって、「尻尾のサイズを比べてる?」「踊っている?」「張り合っている?」というふうに問いかけられる。それを読んだ子どもたちは、なぜだろうと考えて自分なりに答えを出す。その上で、隠れている解答のプレートを引き上げ、正解は「張り合っている」だと知る。

子どもたちが回答を得た時に放飼場の中のワオキツネザルが同じ行動を取ってくれるとはかぎらないが、掲示されている多くの行動、たとえば、「社会的グルーミング(おたがいに毛づくろい)する」「太陽の熱を感じる(ヨガみたいなポーズ!)」「ぬくもりを求めて団子になる」のうちのどれかを目撃するのはそれほど難しいことではない。

結局、「トゲだらけの森」の解説展示、「ディスカバリーゾーン」から「観察ステーション」に至る流れは、〈子どものような好奇心に満ちた科学者がフィールドに入り、数々の動物との出会いと発見を繰り返していく。知識が深まり、動物たちをよく理解できるようになって、それが保全活動へとつながっていく〉という物語をなぞっている。

これは、ＷＣＳのアプローチそのものだ。現地に研究者を送り込み、生息地の中で生き物たちが必要としているものを見い出し、現地の人たちと一緒に問題解決に取り組む。ＷＣＳの保全部門は、まさにそういうことをやってきた。

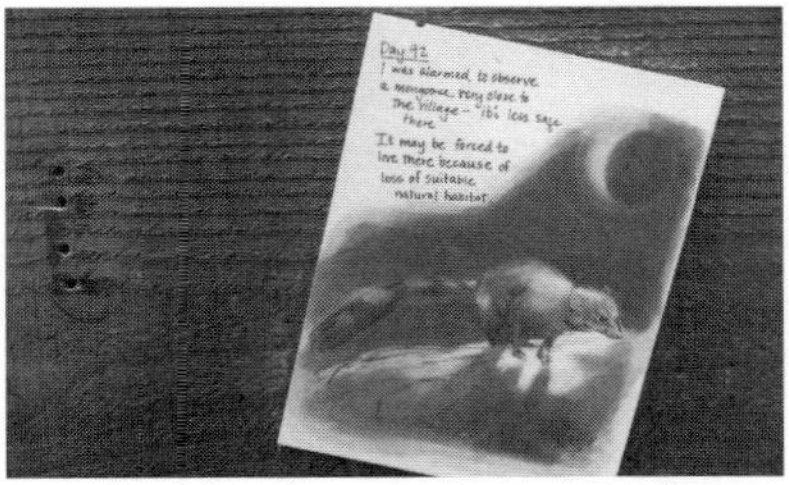

｜上｜19日目のフィールドノート
｜中｜92日目のフィールドノート
｜下｜プレートを引き上げると「答え合わせ」できる

マソアラの熱帯雨林

最後の展示エリアは、「マソアラ」[13]だ。

ツィンギの石灰岩地帯、南西部の半乾燥地帯に続いて、北東部の湿潤な熱帯雨林を再現する。滝のしぶきが降りかかるような、湿度100パーセントの森だ。半乾燥地帯とは極端に違う環境で、同じ島なのかと目を見張る。青々と密生した木の葉は、人工物ではなく、本物の葉だというから驚かされる。「マダガスカル！」の旅の中で、来園者はここでやっと、「熱帯」と聞いて思い起こす一番それらしい景観に出会うことになる。そして、WCSとしても、マソアラはマダガスカルにおける最大の重要拠点なので、まさにフィナーレに持ってきたのだという。

放飼場にいるのはアカエリマキキツネザル。ムクムクとした毛並みは、ひょっとすると「かわいい！」と思う人がいるかもしれない。でも、つくづく、サルのようでサルでないような、カテゴリーを逸脱した顔つきで、マダガスカルが数千万年にわたって隔絶されて独自の進化をはぐくんだ島だと、あらためて思い出させられる。ある意味、異星の動物に出会ったのと同じような違和感というか。

そして、フォッサ！　フォッサは、マダガスカルの森林生態系の中で頂点に立つ捕食者だ。体長はせいぜい70センチ前後なので、アジアのトラ、アフリカのライオンのような迫力はないが、それでも、キツネザルを捕食する。マダガスカルにいる食肉目の動物は、すべてフォッサの近縁で、2000万年くらい前に漂流してきた祖先から分岐したものだと言われている。

「実はこのスペースは、コンゴの〝熱帯雨林の宝物〟や〝保全ショーケース〟に似た動物のいない解説展示がかなりの比重を占める計画だったんです。でも、園長がフォッサを展示したいと言

13　マソアラ
島の東北部にある降雨林の半島。アカエリマキキツネザルなど希少種が生息している。2007年、マソアラを含む6つの国立公園が「アツィナナの雨林」としてユネスコの世界自然遺産に登録された。(川)

い出しました。展示部門としては、昼間はまず間違いなく寝ているであろうフォッサを展示することに反対しましたが、押し切られました。それで、この地域の生物相と保全活動について強力なメッセージを発する機会は妥協を強いられましたし、案の定、フォッサは昼間は寝ているので、僕としては、いつもすこし複雑な感情を抱くスペースです」

それでも、フォッサを見ることができた幸運な子どもたちが、「映画に出てきたフォッサだ！」と喜んでいることは間違いない。

その一方で、本田さんが「妥協を強いられた」という保全活動についてのメッセージも、ぼくの目には充実して見える。

｜上｜マソアラの熱帯雨林展示
｜中｜WCSと地元の人たちがともに立ち上がるというような内容のパネル
｜下｜「クレメンス博士の活躍」を描くマンガふうパネル

マンガふうの絵柄のパネルで、こんな物語が語られているのが印象に残った。

〈マソアラ国立公園の始まり――ＷＣＳのフィールド科学者たちはマダガスカルの動植物を研究していた。その中で、クレア・クレメンス博士は美しい蝶を調べていた。クレメンス博士が訪れた場所の多くが、焼畑農業によって破壊されていた。マダガスカルの人々も、これについてなんとかしたいと思っていた。そこに棲んでいる動植物を護りたいと。そこで、彼らはＷＣＳに助けてほしいと頼んだ。クレメンス博士と仲間たちは、地元の人々を訪ね、何が必要なのかを尋ねた。そして、地元の人にとってもよい国立公園を作る案を出した。その結果、マソアラ国立公園ができた！〉

クレア・クレメンス博士とは、Dr. Claire Kremen のことで（本当は、クレメンスではなくクレメン）、実在の人物だ。小学生にもわかるように平易な言葉で語られた物語は、つまり、ＷＣＳの科学者たちが、地元の人たちと一緒になって、マダガスカル固有の動植物を護るために頑張っていると強調していた。

保全への通路（Conservation Pathway）

濃厚なメッセージをずっしりと背中に受けて、出口の扉から外へ出ると、そこは「保全への通路（Conservation Pathway）」と呼ばれる小径だ。展示を見終えて出ていくだけの通路と思いきや、最後にひとつ目につくモニュメントのようなものがあった。

入り口の前の広場にあった大きなサインや、建物の入り口に掲げられていた〝Madagascar!〟の表題のサインと同じように、マダガスカル固有の動物たちのシルエットが切り絵の手法で掲示されているのがまず目に入る。これはかなり高いところにあって、その下の部分には大きな縦長の鏡が置いてある。

正面から近づいていくと、当然ながら自分自身が映る。

サインに書いてあるのはこんなことだ。

〈(自然を)護ることができるのはこの人たち(Meet the people who can help)〉

矢印があって、その先に、ちょうど鏡に映った自分自身がいることになる。

「あなたが自然を護るのだ」というメッセージだ。

つきましては——

ちょっとばかり寄付をしてください、とばかりに、お札を入れられる機械が設置してある。1ドル札を入れると、キツネザルの鳴き声が響く。

この人です! マダガスカルを護ることができるのは

そういえば、「コンゴ」ができる前の古い類人猿館には、「世界で一番危険な動物」の展示があって、そこにも鏡が置いてあった。来園者は、「どんなに怖い動物なんだろう」とドキドキしながら覗き込み、そこに自分自身を見出すという演出だった。

同じく鏡を使いつつ、「マダガスカル!」では、「自然を護るのはあなた」というメッセージに変わっている。これらはコインの両面だ。「世界で一番危険」と言われるほどパワフルな生き物だからこそ、そのありあまる力を適切に使うことで、「自然を護るのはあなた」にもなりうるのだから。

ただ動物を飼育して見せる場ではない

ブロンクス動物園としては最近の「大作」である「マダガスカル！」の紹介は以上でおしまい。最初の「ビッグ・アイデア」にあったような「マダガスカルの特別さ（美しさ素晴らしさ）」、「科学者が研究をしてその成果をフィードバックして保全に役立てる大原則」、「マダガスカルで成功を収めている、現地の人々と協力したWCSの活動」などを語っていた。

漫然と通り過ぎるだけでも、充分すぎるくらい行き届いた展示だと思う。キツネザル各種、ホウシャガメ、ワオマングースやフォッサといった肉食動物など、マダガスカル固有の動物たちが、よい状態で飼育されているのを見て、満足できる。生き物好きとしては、関心の中心はまず動物そのものだし、ぼくはこれまで洋の東西を問わずそんな見方をしてきたと思う。

でも、展示の作り手の意図は、それをはるかに上まわるものだったのである。

「たしかに、日本ですと、動物を飼育して見せられる環境を作ればそれで展示ができると思われていることが多いですよね。これは、アメリカでもそうなりがちです。でも、野生動物を生息地から遠く離れたところでわざわざ飼育して、高いお金をかけて展示を作るんですから、それだけではいけないんです。数多くの動物種が絶滅の危機に瀕しているということと、野生動物を人工的な環境下で飼育展示するには個体の福祉の犠牲を伴う可能性があるということ、この2点を考えた時、ただ人間の勝手な消費物として野生動物を飼育展示することはもはや正当化できないと考えています」

これは、かつての名園長ウィリアム・コンウェイが、1965年に、動物園に展示部門を作った時に書いた報告文にあらわれる主張そのものだ。

ＷＣＳにはその精神が脈々と受け継がれている。それどころかさらに深められている。展示にはかくも明確な意図があり、放飼場の空間も、来園者の空間も、使えるものはすべて使って、感情と感覚に訴え、また、知識も提供し、ひいては、来園者に自然の擁護者としての自覚を促すのだから！

評価について

しかし、ここで疑問が生じる。

ぼくは、本田さんから色々聞いていたからこそ、「ビッグ・アイデア」に沿ったストーリーを感じながら「マダガスカル！」を見ることができた。でも、これは特殊ケースだ。

もし、ひとりでまわったとしたら、素晴らしい景観の中にいる動物たちを見て、やはり、それだけでも満足していただろう。来園者側の空間も非常に小奇麗だとは思っただろうし、あれこれ工夫を凝らした解説展示ももちろん楽しんだろうが、背景にどんな深い意図があるかまでは思い至らなかったに違いない。

はたして、こういう展示の意図はどれだけ人に伝わるものなのだろう。

「それがまさに重要なポイントで、展示を作る前、作っている途中、作った後に評価をします。事前調査（Front-end Evaluation）、中間評価（Formative Evaluation）、結果評価（Summative Evaluation）と言っていますね。特に〝マダガスカル！〟の場合は、ＮＳＦ（National Science Foundation 米国科学財団）の助成金をもらっているので、報告はきちんとやらなくてはなりませんでした。その評価の結果はかなり肯定的なものでした」

本田さんは、さらりと言ったけれど、ここで驚いた人もいるだろう。

ポイントはたぶん2点。

ひとつは、NSFからの助成を得ているという点。

NSFは、科学の振興に寄与する活動に資金を提供する団体だ。日本でいえば、科学研究費の助成事業を行う日本学術振興会[14]に近い。日本の研究者たちはその申請の季節になると、「通った」「落ちた」と悲喜こもごもだ。そういうイメージを重ねてNSFを見ていると、動物園の新展示にもお金を提供するのはどういうことなのだろう、と不思議な気分になる。

これについては、要は、NSFが科学学習（STEM learning）を促進するためのプログラムに枠を持っており、「マダガスカル！」の場合、「科学を応用してマダガスカルを保全する」というテーマ学習の場として200万ドルを得たということだ。全体の開発費用は、1200万ドルほどとされているから、1割以上2割未満。日本円換算では億の単位であり、決して少ない額ではない。

そして、もうひとつのポイントの方が、本書の文脈では大切だ。展示を作るに際して様々な「評価」が行われているという件。

それも、事前評価、中間評価、結果評価というふうに順を追って行うのは、日本では聞いたことがない。「新しい展示が評価されるのは、〝来園者が何万人増えた〟という尺度でだけ」というのは、日本の動物園関係者がよくもらす不満だ。だからこそ、どんなふうに実施されているのか是非知りたい。

—14— 日本学術振興会　学術研究の助成、研究者の養成のための資金の支給、学術に関する国際交流の促進などを行う独立行政法人。いわゆる「競争的研究資金」である科研費（科学研究費用補助金）の助成を行っている。大学などで研究室を運営する立場の人は、この制度で研究資金獲得を狙う。また、若手研究者を対象とした「特別研究員制度」は、博士課程の学生、博士学位取得後5年以内の研究者、博士学位取得後5年以内に出産・子の養育などで研究を中断していた研究者などに、研究奨励金（事実上の生活費）と研究費を支給する。いずれも狭き門。㊁

事前調査〝Front-end Evaluation〟

まず事前調査とは、どんなことをするのだろう。

「これは市場調査に当たるものです。一般利用者の知識や興味のレベルを把握し、伝えたいこととの接点を探るために行います。解説デザインの骨子を作る前に、まずどんな相手に伝えようとしているのかを知るようにするわけです。〝マダガスカル!〟の場合は、ノウハウを持った調査会社に頼んで、セントラルパーク動物園で80人ほどの来園者にインタビューしています」

その結果わかってきたのは、半分以上の人がマダガスカルの場所を知らないということ、その一方で保全活動への関心は強いこと、にもかかわらずWCSがマダガスカルの自然を護る活動をしていることは知られていないこと、などだった。保全に関心があるのに、マダガスカルについては知らないということは、まさにその穴を埋めてやればいいのではないか、という発想につながっていく。

中間評価〝Formative Evaluation〟

来園者像を事前調査で理解し実際に解説展示を作っていく途中にも、様々な評価を行う。

これまで、本田さんたちが展示づくりの途中で考えたものの、結局は実現しなかったアイデアをいくつか紹介した。それらの中には本当にアイデアだけでお蔵入りになったものもあれば、中間評価を経て修正されたり、なくなったりしたものも多い。

「簡単な試作品でテストをして、利用者の反応を見るのが〝中間評価〟です。こういった評価を

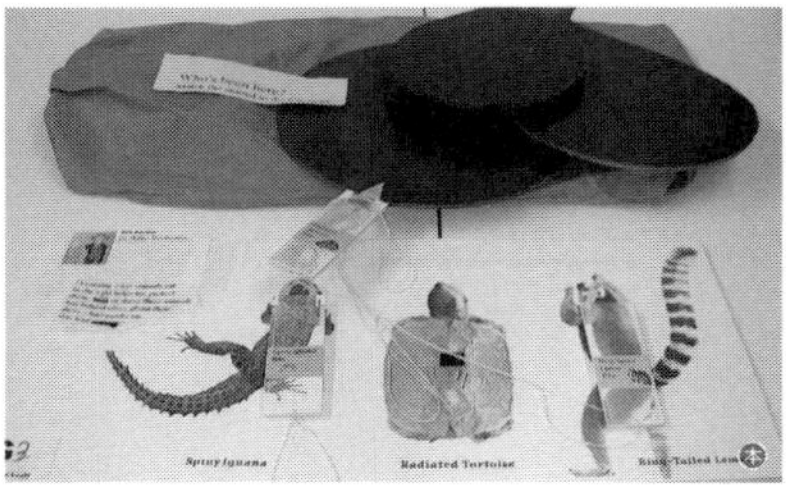

178ページのサボテンの食痕のインタラクティヴのテスト。この時点では、それぞれの動物の口先をウチワサボテンの噛みあとに当ててみる、という方法を考えていたそうだ

行うことで、お金をかけたのにうまく機能しなかったというような失敗を最小限に抑えようとしているわけです。予想外の反応が返ってきて修正を加えることもありますし、その一方で、キューレーターに対する説得材料として使えることもあります。キューレーターは基本的に科学者なので、たとえばデフォルメされた動物のイラストを嫌ったりしがちなんですが、そちらの方が伝わりやすい時ですとか、一般利用者の目は違うんだというふうなことをデータをもとに説明したりするわけです」

「マダガスカル！」のような複合施設では、解説のパネルの数も多くなるし、映像も多用している。また、区画ごとにテーマに応じた仕掛けがある。それらについて、ちゃんと機能するかどうかひとつひとつチェックすることになる。

いくつかリストアップしてみると——

・種名が書かれたパネルが「機能」するのかどうか。「景観の邪魔をしない」という目的は達しつつ、情報を読みたくなった来園者（子どもも含む）が視線を落とすとちゃんと読めるか。実際にそのサイズその高さにガラスパネルを置いてみて確認する。
・モニタで動画を流す部分では、実際に見てもらった反応を評価し、目的が達成できそうか、どういう修正が必要か考える。
・「ディスカバリーゾーン」「観察ステーション」に多い「体験的」でインタラクティヴな仕掛けにつ

いて、手軽な素材で実際に作り検証。たとえば、「擬木の樹皮をめくったら奥に動物がいる」というものが機能するか、紙で実物大の「模擬擬木」(変な表現だが)を作って使ってもらう。などなど。

「マダガスカル!」内のたくさんの要素をすべて一度に評価するわけにはいかないから、この過程は部分ごとに行われ、最終形が決まるまで続く[15]。必ずしも統計的な解析が必要なわけではないから、評価したいものの性質に応じて、専門家に頼む場合もあれば、自分たちで行うこともある。

―15― 最終形が決まるまで続く　「中間評価〝Formative Evaluation〟」は、「形成的評価」と訳されることもある。2度以上修正して再評価するのはごく稀。(本)

結果評価〝Summative Evaluation〟

中間評価を繰り返して進み、やっと展示ができたとする。

すると、今度は、結果評価、総括的評価をしなければならない。

確認しておくけれど、動物園の展示が成功しているかどうかというのは、まず、その場で動物が適切に飼育管理できるというのが前提だ。適切に飼育できない施設を作ってしまったとしたら、その時点で、よい展示とはいえない。

日本の動物園関係者と話していると、展示の評価が実はそのまま飼育の場としての評価であることが多い。「どこそこに今度できたチンパンジーの展示は、放飼場だけでなく寝室の環境エンリッチメントも考慮してあって、チンパンジーがとてもよく飼育できている」など。でも、これは「飼育がやりやすい」「適切に飼育できる」ということであって、展示の成功というのはその先にある。

つまり、来園者に見せてどういう効果があるのか、伝えようとするメッセージが伝わっているのか、測定しなければならない。

「マダガスカル！」の結果評価は、NSFの助成金を受けている関係もあって公開しなければならないので、今、ぼくたちも報告書を参照できる。ここはちょっと詳しく見ていこう。

まず調査を請け負ったのは、「ランディ・コーン＆アソシエーツ（Randi Korn & Associates, Inc. 以下、RK＆A社と表記）」というリサーチ会社だ。ワシントンDCのすぐ近く、ヴァージニア州アレクサンドラに本拠を置き、博物館や動物園の展示評価、プログラム評価、来園者調査などを得意とする。カリフォルニア州のモントレーベイ水族館や、ワシントンDCのスミソニアン・ナショナル動物園、シカゴのシェド水族館、ブロンクスにあるニューヨーク植物園など名だたる水族館、動物園、植物園がクライアントのリストに名を連ねている。

40ページほどの文書にまとまった結果評価の最初には要約（Executive Summary）があって、「マダガスカル！」がオープンした後、実際に展示を見に来た人たちを対象にした来園者インタビューの結果、「WCSの〝マダガスカル！〟展示は、その〝目標（Goal）の達成〟において著しい成功を示している」と手放しでほめていた。やはりクライアントに悪いことは言えないのかも、と警戒心が頭をもたげるほどだ。

8つのゴール

さて、ぼくたちはすでに、展示を作った側が共有するビッグ・アイデアを知っている。

〈美しく驚きに満ちた土地であるマダガスカルをモデルとして見た時、そこでの自然環境保全ののあり方は世界中で応用可能であり、また実際に使われてもいる〉だ。

展示を体験した後で、来園者たちにこういうことが伝わっていればオーケイなのだろうが、調査をするにはもっと具体的な質問項目を立てなければならない。RK&A社は、WCS側と議論した上で、8つのトピックを立てた。それらを書き下す（主語はすべて「来園者」）。

目標1　マダガスカルの動物たちと環境について、情緒的な絆と驚きの感覚を深める。

目標2　焼畑農業や過剰な伐採で森林が消滅し、マダガスカル固有種が危機にさらされていることと、にもかかわらず動植物を救う希望もあることを理解する。

目標3　科学的プロセスを自ら体験し、個々の科学者たちの仕事の内容を探求する。

目標4　マダガスカルのような場所を護るために、保全科学がどれほど、そして、なぜ大切なのか理解する。

目標5　保全科学者たちが、マダガスカルの動物やその生息地を護るために何をしているか知る（飼育下繁殖、再導入、生息地の保全、飼育下での固有種の研究、保護区を作るなど）。

目標6　マダガスカルでの保全活動は、WCS傘下の動物園と国際的な保全プログラムが野生生物を護るために協働する、模範的な事例であることを知る。

目標7　野生生物や野生の環境についての価値をより高く感じるようになり、保全のための活動を始めたり、支援したくなる。

目標8　マダガスカルが孤絶した島であり、そのため、世界中の他のどこにもいないような動物がたくさんいるのだと理解する。

とてもおおざっぱな「ビッグ・アイデア」に込められていた内容は、こういった8つに区分けされて、個別に評価されることになった。

133組266人をインタビュー

実際の調査で、調査員は「マダガスカル！」の入り口と出口に陣取った。インタビュー対象の候補は、「大人（18歳以上）と子ども（6－10歳）のペア」だ。動物園の展示なので、「親子」「家族」を念頭に置いている。対象はランダムに選んで、展示に入る前の68組と、展示を出た後の別の65組、あわせて133組に話を聞いた。

なお、「展示前」と「展示後」は、対象者に重複が出ないようにしてある。ちょっと考えればわかる通り、事前に質問されて回答した組は、展示に入ってからも聞かれたことを覚えていて注意して見るだろうから、結果に偏りをもたらしかねない。

さらに「展示前」群と「展示後」群の年齢構成、男女比、1年間の来園回数、年間パスを持っているかどうか、なども調べた上で、それぞれのグループの構成に大きな変わりがないこと、また、ブロンクス動物園の平均的な来園者とも変わりがないことも示している。

では、どんなふうに聞いたのか。

目標5「来園者が、保全科学者たちが、マダガスカルの動物やその生息地を護るために何をしているか知る（飼育下繁殖、再導入、生息地の保全、飼育下での固有種の研究、保護区を作るなど）」を例に取る。

この場合、いきなり、「あなたは、保全科学者たちが何をしているか知っていますか」と聞いても、特に展示に入る前の人たちは面食らうだけだろう。

だから、インタビュー担当者は標準的な質問リストの中から、相手の状態を見ながら質問を選び、そこから対話を深めていく形式を取る。交わされた対話はすべて録音した上で、後で分析される。語られた内容、使われた言葉などから、インタビューされた組がどれだけ目標を達成しているか。4段階の尺度で評価することになる。

目標5を例に取ると、スコア1から4までの評価基準は以下の通り。

スコア1　マダガスカルで、科学者たちが野生動物や生息地を護るために何をしているか知らない（そこに科学者たちがいることも知らないかもしれない）。

スコア2　科学者たちの仕事について、思いつきでありそうもない考えを述べる（「流出した原油をきれいにしている」など）。

スコア3　科学者たちが野生生物とその生息地を護るためにマダガスカルでしていることについて、大雑把な説明をするに留まる（「野生生物についての関心を高める」など）。

スコア4　科学者たちが保全のために使う戦略を少なくともひとつ挙げる（飼育下繁殖、再導入、生息地の保全、飼育下動物の研究、など）。

結果はダブルスコア？

その結果どうなったかというと、この目標5に関してはこんなふうだ。

	展示に入る前		展示から出てきた後
スコア1	46パーセント	↓	11パーセント
スコア2	22パーセント	↓	22パーセント
スコア3	24パーセント	↓	45パーセント
スコア4	8パーセント	↓	22パーセント

スコア1の人は、入る前の46パーセントから11パーセントで、なんと4分の1ほどに減った。スコア2の人は横ばいで、スコア3の人は2倍、スコア4の人は3倍近くそれぞれ増えている。ここでスコア3と4をまとめて「望ましい理解をしている人たち」とする。それが、展示を見る前と後でどう変わったか合算してみると――

「望ましい理解をしている人たち」は、32（24＋8）パーセントから、67（45＋22）パーセントへと2倍以上にジャンプアップしたことになる。これはなかなかの結果だ。

他の目標でもスコア3と4の「望ましい理解をしている人たち」が、展示を見る前と後では画期的に増えているものが多い。ほとんどの項目で「2倍のジャンプアップ」相当の結果が出ている。ただ、ひとつだけ、例外は目標8（62パーセント↓61パーセント）で、前後でほとんど変化が見られない。

目標8は、「マダガスカルが孤絶した島であり、そのため、世界中の他のどこにもいないような動物がたくさんいるのだと理解する」だ。展示の中では、マダガスカルは固有種だらけだと示すキャッチコピー〝Only in Madagascar〟が多用されているのに、来園者に伝わっていないというのは不思議である。ひとつの理由として考えられるのは、〝Only in Madagascar〟が強調されたのは展示の冒頭部なので、最後までいくと最初の方の体験が薄まってしまったのかもしれない、ということ。あるいは、意外にもこういうシンプルなことが伝わりにくい要因が、別のどこかにあるのだろうか。

この達成を過小評価することはできない

以上、個別の項目の評価だが、ＲＫ＆Ａ社はもっと単純に「この展示を1から7のうちのどれに評価しますか」という量的な質問もしていて、それによると、「マダガスカル！」の満足度は6・44にも達した。単純に10段階評価に換算すれば、9・2に相当する高評価であり、この手の調査で出るスコアとしては破格だという。

こういった結果を踏まえて、ＲＫ＆Ａ社は次のように結論した。

この展示を体験した人々の多くは、マダガスカルとその自然への関心を深めていくための知識の基盤を増やしたことをはっきり示した。この達成を過小評価することはできない。そして、この展示は、動物園が、野生動物を見る物珍しさを超えて、「動物たちがどこから来たのか」「なぜ彼らが大切なのか」「どのように保全の努力が払われているのか」といったことを理解する場として、適切な環境でありうると示した。

つまり、展示意図はうまく反映され、来園者に伝わっただけでなく、動物園が珍しい野生生物を見せるだけの場ではなくて、「保全への門口（Gateway）」になりうるかもしれないことを示唆している。これはＷＣＳとしてはとても望ましいものだったろうし、助成したＮＳＦ米国科学財団の科学学習（STEM learning）を促進する目論見とも合致するものだったろう。

もっとも、後で知ったのだか、結果評価が行われた時点の「マダガスカル！」では、インタプリター（解説員）を雇用して解説プログラムを提供していたそうだ。つまり、この高評価は「展示のみ」の効果ではなく、人がいて解説したくれことも含めてのものだという可能性が高い。だからすこし差し引いて、「うまく活用すればこれだけの成果をあげられる」という力を示したものと理解するのがよいかもしれない。

本田さんの評価

それでは、ここでさらに本田さん自身の評価を聞こう。本田さんは「ビッグ・アイデア」を「必ずしもよいものではなかった」と最初に言っていた。

再再掲すると、〈美しく驚きに満ちた土地であるマダガスカルをモデルとして見た時、そこでの自然環境保全のあり方は世界中で応用可能であり、また実際に使われてもいる〉というものだ。

たしかにもってまわった言いまわしだが、どのような問題があるのだろう。

「このビッグ・アイデアの背景にはふたつの要素があるんです。まずひとつは、WCSにとってマダガスカルは非常に長いこと活動を続けている重要な拠点なので[16]、その事実をなるべく多くの人に知ってほしいということです。これは、フィールド部門単独の活動ではなく、動物園も水族館も深くかかわっていました。特にホウシャガメなどについてはブロンクス動物園のスタッフがマダガスカルに行って活動したり、魚類についてはニューヨーク水族館が積極的に調査研究していて、野生では絶滅した種が水族館で飼育されて生き残ったということもありました。こういったマダガスカルでの活動の歴史が、そもそもライオンハウスでマダガスカルの展示をやろうとした理由でした」

WCSでは、フィールド部門で世界各地の保全活動に貢献しているが、動物園部門、水族館部門が直接かかわるというのはやはり珍しいのだそうだ。その輝かしい実例としてマダガスカルがあった。それがひとつの要素。

「もうひとつは、解説展示の制作のためにNSFから助成を受けたので[17]、その助成の目的に沿ったビッグ・アイデアにする必要があったという事情です。助成の具体的内容は、〝科学的手法が社会に及ぼすインパクトを示す〟みたいなものでした。つまり、NSFの助成の視点だけから、ビッグ・アイデアを見直すと、〝科学的思考と方法論が、世界の野生生物と自然環境の保全に大いに役に立っていることを、マダガスカルでの実例を使って示す〟ということになります」

こう説明されてみると、だんだんややこしいことになってきた。

まず保全活動について伝えたい。知ってほしい。

16 長いこと活動を続けている重要な拠点
WCSのフィールド部門が拠点を持っているだけでなく、動物園・水族館部門も他の動物園とともに「マダガスカル動植物グループ（Madagascar Fauna and Flora Group）」を結成して、直接、保全活動に参加してきた。つまり、WCSが「双頭の巨人」であることがよくわかる。その後の展開については、終章で触れる。川

17 NSFから助成を受けた
NSFの助成で意図する展示効果を展示体験だけで達成するのは難しいということが次第にはっきりしたので、助成金の一部をインタープリターの雇用に当てました。インタープリターとボランティア、キーパーを使ったプログラムを続けたのは2年。結果評価にもかなりの影響があったはずです。本

さらに、科学的な思考と方法論が、保全に役立っていることを示したい。

これらはそれぞれかなり大きなテーマだ。

「科学的な手法といえば、つまり、観察して、仮説を立てて、検証するというプロセスですよね。それを知ってもらうには、利用者側にかなりの時間を使ってもらわなければなりません。一方、動物園の利用者が展示の中のひとつのビューポイントに滞在する時間は秒単位です。ですから、展示体験でこうしたプロセスを伝えるのには相当の工夫が必要です。さらに困ったことには、EGADの伝統として、〝美しく驚きに満ちた土地であるマダガスカル〟の手付かずの自然環境を迫真の臨場感をもって再現したいという強い願望があります。ということは、そのような展示空間に、人間が主体となって行う保全活動と科学的プロセスをシームレスに織り込まなければならないというわけです。これはとても難しくて、〝マダガスカル！〟のビッグ・アイデアは、もともとできもしないようなことを謳っていると思っているわけです」

本田さんはきわめて厳しくこの「作品」を見ている。何か夢を壊すような話で申し訳ない。

また、本田さんとぼくがここまで話してきた文脈から言えば、「保全への門口」ではなく、「自然体験への門口」としてはどうだろう。子どもがフィールドの科学者の追体験をして、樹皮の下に隠された鳥の巣を見つけたり、キツネザルの行動を解釈したりする中で、「自然体験への門口」が開かれることはあるのだろうか。

これも正直、よくわからない。そもそも、そのような目標で作られた展示ではないわけだから、ここで考えるには適切な問いではないのかもしれない。もうすこし別のところを、本田さんと歩く必要がありそうだ。

第5章

その門口を超えて〜愛と行動について

首根っこを摑んで放り投げる

「動物園に来た人を、100人に1人でもいいから、首根っこを摑んで自然の側に放り投げるような仕事をしたいんです」と本田さんは言う。

そしてすぐに続ける。

「今のところは夢です。いつそういうことが実現できるかちょっとわからないし、今ここで同じことをやっていてもなかなかそこには到達できないだろうなっていう思いはあります」

だから、最初から言っておくと、本書の中ではっきりとした回答があるわけではない。

しかし、これはとても大切なテーマであって、きちんと紙幅をかけて検討しないわけにはいかない。

その時、ぼくの念頭にあったのは、ブロンクスの「子ども動物園（Children's Zoo）」だ。本田さんと話す中でそう感じるようになった。なぜかと説明すると、ちょっとまわりくどくなるけれど、大切なことなので順を追って見ていこう。

「知識」は「行動」につながらない

かなり大きく話を戻す。

WCSが作った展示の中で、20世紀の傑作（今も現役）とされる「ジャングルワールド」の出口には、黒いオブジェが3つ並んでいる。

ひとつめのオブジェには黄色い数字で「世界の熱帯雨林の面積」が、ふたつ目のオブジェには「世界の人口」が、それぞれ示してある。数字は常に動いており、展示ができた1985年からの変化がわかるようになっている。

そして、3つ目のオブジェには、アフリカ、セネガルの森林・水資源担当行政官だったババ・ディオウムが1968年のIUCN総会で語った伝説的な言葉が書き連ねてあった。

"In the end, we will conserve only what we love, we will love only what we understand, we will understand only what we are taught."

〈私たちが守ろうとするのは、自分たちが愛するものだけだ。私たちが愛するのは、自分が理解するものだけだ。私たちが理解するのは、教えられたことだけだ〉

これは実に感動的で、「そうだそうだ」とうなずきたくなる。農業問題や資源管理をめぐる文脈で語られたものだが、その枠組をはるかに超えて、様々な分野においてまるで万能の呪文であるかのように引用されてきた。ここブロンクス動物園でも、「ジャングルワールド」のラストメッセージとして重要な役割を演じている。展示ができて以来、実に30年以上にもわたって、それこそ雨の日も雪の日も、真夏日も零下20度の極寒の日も、同じことを発信し続けてきた。

ところが、本田さんによれば、こういったメッセージは、今ではちょっとズレていると認識されているという。

「これは、要するに〝環境教育をすれば、自然保護につながる〟という考え方です。ブロンクス動物園の周囲にも、〝ジャングルワールド〟だけではなく、何カ所かにこの言葉が掲げられていますし、アメリカの動物園をまわるとあちこちで目にするはずです。でも、１９９０年代から、AZA（アメリカ動物園水族館協会）の教育関係者が集まって、〝本当に動物園で環境教育ができているのだろうか〟、あるいは、〝その教育活動が、野生生物保全の力になっているのだろうか〟ということをもう一度確認してみようと調査を始めたんです」

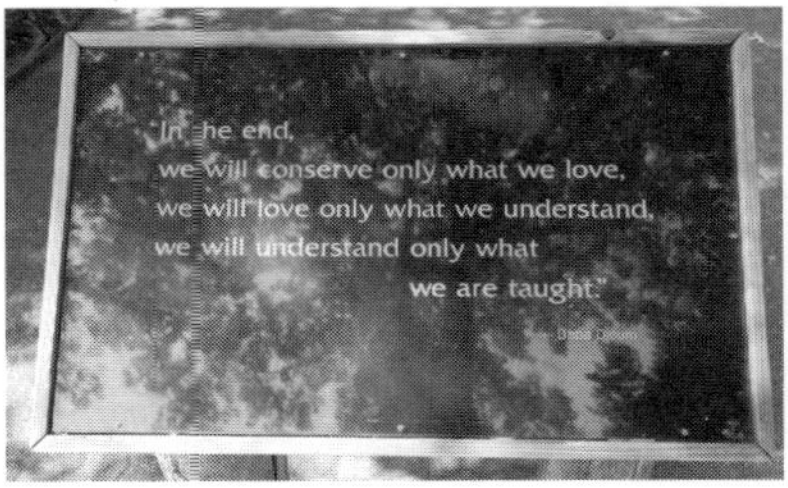

ジャングルワールドの出口にある「お言葉」

これは本田さんが、WCSへの就職が決まる前の時期、AZAの総会でしきりと議論されていたことだという。つまり、ぼくがニューヨークを拠点に動物園について取材していた時点で、検証の機運が高まっており、やがて、多園館共同研究プロジェクト（Multi-Institutional Research Project）として、NSF（米国科学財団）の助成を受けた調査へとつながった。２００２年にまず文献調査が公開され、２００６年に報告書が出ている。

文献調査の時点で、すでに「知識を与えるだけでは、行動は変えられない」ことを示唆する知見が多く得られた。特に、20世紀後半に積み重ねられた、公衆衛生学の知見が参照されたそうだ。

公衆衛生？ と多くの人が思うだろう。

日本語では「衛生」という言葉の印象が強くて、「身の周りを清潔に保つこと」だと思っている人が時々いるのだが、英語のPublic Healthに相当するものなので、単に「衛生」の問題だけでなく、もっと広く社会的な健康問題一般を扱うのが公衆衛生だ。

では、健康問題と動物園がどう関係するのだろう。

これが、よくよく考えれば、とても似ているところがある。

つまり――

両方とも、「よかれ」という目標があり、そのために、人々の行動を変えてほしいと訴える点だ。

たとえば、喫煙や過度の飲酒、肥満といったことが、個々人の健康状態を悪化させたり病気の原因になるのは、もう数々の研究によってはっきりしている。だから、公衆衛生当局は、そういう知識を与えて、タバコをやめようとか、お酒をひかえようとか、バランスの良い食生活をして脱肥満しようとか訴える。

でも、そう言われても、習慣化した行動を変えるのは難しい。禁煙も、節酒も、適切な体重維持も、知識として理解していたとしても、実際にできるかどうかはまた別の話だ。

つまり、人に、自らの健康を守るためであっても、なかなか行動を変えることができない。それが、当時、掘り起こされた公衆衛生学的な知見のエッセンスだと言ってよい。

とすると、自然環境の保全はどうだろうか。単純に考えて、自分の健康にかかわることでも難しいのに、自然を守るために行動を変えることが簡単なはずがない。「マダガスカル！」の結果評価によると、展示を訪れた人は「知識」を増した。かといって、行動を変えてくれるのだろうかというと心もとない。本田さんは、まさにこのことについて「わかっちゃいるけど、やめられない」と表現していた。

では、こんな状況は、どんなふうに打開できるのだろうか。

ソーシャル・マーケティングで価値を創造する？

「〝知識が愛につながり、行動に導く〟というパラダイムは否定されたわけで、じゃあ、行動を変えるにはどうすればいいのか、ということなんですが、〝ソーシャル・マーケティング〟の手法を用いるのが有効であると、当時、話し合われていました。〝こういう行動はいけない〟とか、〝こういう行動をするのは素晴らしいことだよ〟というようなことを特定して、自然を守る行動こそ格好いいという雰囲気を社会の中に創っていく。そういうことが、行動の変化につながるんだと」

また、すこし馴染みのない概念が出てきた。ソーシャル・マーケティングとは何だろう？

まず、マーケティングというのはほとんど日本語のようによく使われる日常的な言葉だ。企業が商品やサービスなどを売るための活動を一般にそう呼んでいると思う。基本的に営利追求のために行われるものだ。

一方、「ソーシャル」マーケティングというのは、営利追求型のマーケティングとは違って、社会的便益を重視する。企業が新しい製品を消費者に売ることも「この商品は良い」という価値を受け入れてもらうことだが、ソーシャル・マーケティングはもっと広く、公衆衛生や、安全や、環境などに便益をもたらすべく、人々が行動の規範にする価値観ごと創り出そうとする。

具体例としては、喫煙率を下げて、肺がんを減らしたいなら、「喫煙すると肺がんになるリスクが何倍になる」「健康余命が何々年減る」「禁煙すれば今からでもリスクが減っていく」といった知識だけを与えるのではなく、たとえば「喫煙しない方が格好いい」という価値観を広げていく。

1971年の論文[01]でソーシャル・マーケティングを提唱したフィリップ・コトラーは、21世紀の今も現役で活躍するマーケティング界の巨人で、現代のマーケティングを社会的な文脈で再定義した功労者とされる。ことマーケティングに関係する分野で、彼の名を知らない人はいない。もしそういう人がいたら、ピーター・ドラッカーを知らないマネジャーに等しい。

コトラーには多くの著書があり、邦訳や解説書も多い。たとえば、『コトラー ソーシャル・マーケティング 貧困に克つ7つの視点と10の戦略的取り組み』[02]（ナンシー・R・リーとの共著、塚本一郎監訳、丸善、邦訳は2010年）では、コトラーはまさに世界の貧困問題を扱っている。ケーススタディとして挙げられているのは、「HIV／エイズ対策」「ホームレス対策」「家族計画、人口抑制策」「農業の生産性向上」「持続的なマラリア予防」「結核減少」「貧困層の数の減少」「教育機会の提供」「河川盲目症の制圧」などだ。それぞれどんなふうに取り組んだのか立ち入ることはできないけれど、ソーシャル・マーケティングはこういったことを主題化するのだということをわかっていただければと思う。

とすると、同じ手法が、自然保護の団体や博物館、動物園、水族館などにも使えるのではないかということになる。

01 1971年の論文
Philip Kotler and Gerald Zaltman, "Social Marketing: An Approach to Planned Social Change," *Journal of Marketing*, July 1971, Vol. 35, Issue 3, pp. 3-12.

02 『コトラー ソーシャル・マーケティング 貧困に克つ7つの視点と10の戦略的取り組み』

WCSでの事例、ニューヨークの海

　それでは、動物園や水族館で、ソーシャル・マーケティングの方法はどんなふうに活用しうるのだろうか。WCSで取り組みの中によい具体例はあるだろうか。

「僕がかかわってきた中では、今年（2018年）6月末にオープンしたニューヨーク水族館の〝海の驚異　サメ！（Ocean Wonders:Sharks!）〟がそうですね。おそらくこれまでのWCSの展示の中でも、ソーシャル・マーケティング・アプローチを一番徹底的に、しかも生き物の展示と統合した形で活用しています。まず、サメを〝つかみ〟にして、ニューヨークの周辺にはとても豊かな海洋生物相とそれを育む環境が存在するんだということを大きな水槽で伝えます。そして、私たちひとり一人がニューヨークでただ普通に暮らしているだけで海の環境に直接的な影響を与えていることにも気づいてもらいます。ポイ捨てしたゴミやレジ袋は全部海に行くのだから[03]、ゴミはきちんと捨てるべきところに捨て、レジ袋は使わず、毎日環境に優しい購買行動を選択して、ニューヨークの海をきれいにしましょう、多様な生き物を守りましょう、というところへたどり着くんです」

ニューヨーク州がまとめた使い捨てレジ袋についてのレポート

　この展示はできたばかりでぼくは未見である。しかし、本書のために2014年あたりから本田さんとやりとりをする中で、ニューヨーク水族館の新展示の進捗は、時々耳にしていたので、なんとなく知っているような気

03　**ポイ捨てしたゴミやレジ袋は全部海に行く**
いささか誇張してはいますが、ニューヨーク市の場合、路上に捨てられたゴミは清掃車にピックアップされなければ、風に飛ばされたり雨水と一緒に流されたりして海に行き着きます。アメリカではゴミの焼却処理は一般的ではないので、埋め立て地から飛ばされたり流れ出たりもします。本

になっていた。様々な中間評価について断片的に見せてもらいながら、この新しい展示が「ニューヨークの海」をそのままテーマにしていることに強い印象を受けてきた。地元の海の環境というのは、まさに個々の市民の行動の変化によって改善されうるものだからだ。

「ゴミのポイ捨てやレジ袋については、それぞれアニメーションを使ったインタラクティヴがあって、〝これからはゴミをきちんとゴミ缶に捨てると約束してくれますか?〟という問いにイエスと答えると、あなたは約束をしてくれた何人目の人です、という表示が出ます。最後には〝まとめ〟のステーションがあり、どれについて実行すると約束してくれたかを復習した上で写真を撮ると、自分の顔がOcean Advocateという架空の雑誌の表紙にはめ込まれてスクリーンに映し出され、この画像を自分にメールして後でソーシャルメディアなどでシェアできる、という仕掛けです」

〝Ocean Advocate〟というのは「海を守るリーダー」というような意味合いだ。〝Advocate〟という言葉は、日本語では「提唱者」「主導者」というふうに訳されるが、そういった活動に賛同し支持する人のことでもある。つまり、社会を変革する実質的な力として、非常にポジティブな意味合いをもっている。

この展示では、来館者に「望ましい行動」を伝え、それを実際に取り入れようとする人たちを「あなたがAdvocateなのです」、つまり「あなたがヒーロー」のように伝えているわけだ。

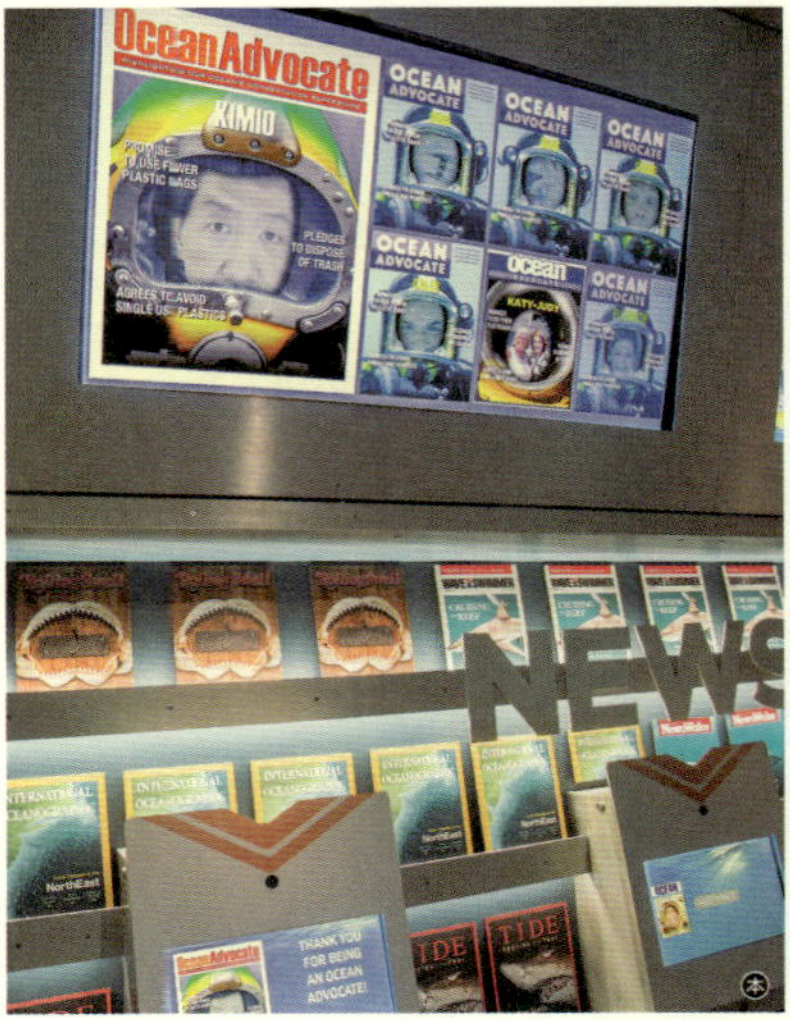

｜上｜サメとはどんな生きものかを体験的に知ることができるShaks Up Closeのコーナー

｜下右｜最大の水槽でフィナーレを味わったあとにあるConservation Choicesのコーナー。プラスチックごみ問題など毎日の生活が海の環境に与える影響を直感的に理解し、自分は海の環境のために何をすると約束する機会を提供する

｜下左｜自分の顔がOcean Advocateという架空の雑誌の表紙にはめ込まれてスクリーンに映し出される

リアルコストカフェ

また、「海の驚異 サメ！」の中には、「リアルコストカフェ」という「展示」も導入された。これはカリフォルニア州のモントレーベイ水族館[04]で大成功した同名の展示をニューヨークでも採用したものだ。

ぼくはモントレーベイ水族館のオリジナルを訪ねたことがあり、感銘を受けたので素描しておく。

この展示は、「シーフードを提供するカフェ」の体をとっている。本当に飲食ができるわけではなく、手元の液晶ディスプレイに表示されたメニューの中から好みのものをタッチパネルで選び、ディスプレイ上でその料理を受け取る。

その際、カウンターの向こうにある3面のモニターから、注文を出した食材についてのコメントがある。それぞれのモニターが、別々のカフェのスタッフに割り当てられていて、こんなふうに語りかけてくる。

「ウナギ？　なんてものを頼むんだい。ウナギは世界的に絶滅を危惧されていて……」

「養殖のエビを使ったシュリンプサラダ？　感心できないわね。養殖によって、周辺の海が富栄養化して……」

などなど。

つまり、何気なく食べているシーフードの環境負荷まで考えた「リアルコスト」を教えてくれるというのがカフェの名前の由来だ。

他にも、ツナ、サメ、輸入もののカジキマグロ、輸入ものの養殖サーモンなどメニューは豊富

―04―モントレーベイ水族館　1984年開館。ヒューレット・パッカード社の創設者、デイヴィッド・パッカードの基金で設立された。イルカはいないが、保護されたラッコなどは飼育している。「自然保護をインスパイアする」、つまり、ソーシャル・マーケティング的な発想を当初から貫いている。MBARI（モントレーベイ水族館調査研究所）を併設しており、研究機関の側面も持つ。深海無人探査艇による調査結果はしばしば一流の学術誌に発表され、その際の画像はニュースとしてもよく流されている。川

だが、ほとんどの食材はダメ出しされる。画面上の3人のトークは、軽妙で、表情豊かで引き込まれる。「それは食べちゃダメでしょ」というネガティブなメッセージなのだが、ユーモアで包み込む。

なお、このシーフードレストランで、ダメ出しされないのは、ぼくが試したかぎりでは、環境負荷の少ない方法で養殖され、認証を受けた「国内養殖のマス」だけだった。きっと他にもあるのだろうが、すべてを試すわけにはいかなかった。

笑いと学びに満ちた体験の後、カフェを去る時、“Seafood Watch”[05]という、財布に入れられるサイズの小さな紙をもらえる。そこにはアメリカ西海岸で食材として流通している様々な魚種について、「避けるべき魚」「まずまずの代替」「最良の選択」というふうに3つのカテゴリーに分けて参照できるようになっていた。財布に入れて、レストランでのオーダーや、スーパーマーケットでの買い物に役立ててね、ということだ。アプリ版もあって、スマホでも確認できる。ふだんの生活の中で「リアルコスト」を意識する人になろう（それがクールだ！）という雰囲気をうまく作りだし、その手立ても与えているのだった。

上　3つあるモニターから食材の「リアルコスト」について講釈がある
下　NYのリアルコストカフェの様子

05　Seafood Watch　ニューヨーク水族館でもモントレーベイ水族館のものを使っています。ずいぶん前にWCSも自前のプログラムを立ち上げようとしましたが不発に終わりました。本

動物園とソーシャル・マーケティング

ニューヨークのサメ展示も「リアルコストカフェ」も、水族館のものだ。では、動物園ではどんな応用があるだろうか。

「結論から言うと、今まで川端さんと見てきたものの中にはほとんどありません。というのは、普通の人ができることで、外国産の動物の保全に直接影響するようなことは、あまり多くないですから。強いて言うなら、タイガーマウンテンで、トラの様々な体の部位が漢方薬[06]になっているけれど、強壮剤ならバイアグラの方が効きますよ、というようなメッセージを伝えている部分があります。あれは、ソーシャル・マーケティング的なアプローチと言えると思います。あるいは展示ではありませんが、ゾウの保護のためのキャンペーン〝96 Elephants〟で、象牙製品を使うのはやめようと言っているのもそうかもしれません」

つまり、とってほしい具体的な行動を特定できないと、そもそも、その行動に向けた主張もできないというわけだ。これは「肺がんになる人を減らしたい」と思ったとしても、喫煙が原因になるとわかっていなければ、「タバコをやめる」行動をどうやっても導けないのと同じだ。

水族館でいくつかソーシャル・マーケティング的なアプローチが成功した事例を引けるのは、いくつかの条件が重なっているからだとぼくには思える。たとえば、たまたま「地先の海」(地元の海)があり、その環境は個々の来館者の行動が変わることで改善する余地があるということ。あるいは、日々、「野生の魚」を消費している我々が、消費行動を変えることで、変化をもたらす可能性があることなど。

―06― 漢方薬
伝統的な漢方薬の薬剤として使われるトラの部位として、WWFジャパンのウエブサイトでは、脳、眼球、ヒゲ、骨、オスの生殖器、尾をあげている。https://www.wwf.or.jp/activities/basicinfo/3566.html 本

一方、動物園の動物はほとんど海外産で、市民のふだんの生活からは地理的にも、消費活動としても、ほぼ切り離されている。トラの漢方薬や、ゾウの象牙は、数少ない例外だ。すこし範囲を広げれば、オランウータンの生息環境を奪っているとされるアブラヤシの植林を抑えるために、認証マークがついたパームオイルを使う[07]ようにしようというようなことも、市民生活から直接つながる話題ではある。

結局、ソーシャル・マーケティングを活用するには、「望ましい行動」を特定しなければならず、これができないと手詰まりになる。また、仮にそれができたとしても、展示ごとに「こうするのがカッコいい」「これがクール」という望ましい行動が違っていたら、関心が拡散してしまうかもしれない。

強壮剤ならバイアグラの方が効きますよ、というようなメッセージ

「ひょっとすると、漠然としたイメージとして『保全につながることをするのはいいことだ、カッコいいことだ』『保全に携わる人たちはヒーローだ』みたいなことをプッシュするのもソーシャル・マーケティング的だと言って差し支えないのかもしれません。そういうブランディングによる価値観の形成のようなことをしていって、長い目でみて行動の変化につながるのか。その辺はまだよく考えたり議論したりしていない、と今気がついているところですね」

本田さんが言うように議論の余地があり、これからも理解を深める必要がありそうだ。なお、ソーシャル・マーケティング的な手法自体は、動物園、水族館にかかわりなく、日々、深まってい

07 **認証マークがついたパームオイルを使う**
パームオイルは、食品、洗剤、化粧品などの原料として、日本でも広く使われている。オランウータンがいるマレーシアとインドネシアが2大産地で、熱帯雨林を切り開いて栽培されるため、野生生物の生息環境を奪うことも含めて環境破壊の象徴となってきた。21世紀になってから、持続可能なパームオイルの生産と利用のための認証制度が普及しつつあるものの、抜本的な解決には至っていない。(川)

る。日本でもCSR活動（企業の社会的責任を自覚した活動）などが活発化しているのはまさにそうだ。だから、動物園においても決して無力というわけではなく、具体的な目標が定まった時には強力な手法になりうることは覚えておいてよい。

エコフォビアのこと

ぼくがソーシャル・マーケティング的なアプローチの話をはじめて聞いた時に、漠然と抱いた不安がある。

そもそも「価値」とはそんなに簡単に創り出せるものなのだろうか。価値観を変え、行動を変えるための技術があるとしても、その背景にある基本的な価値の母体のようなものが整っていなければ難しいのではないか。

90年代のAZAの環境教育関係者は、こういった点についても考えた。

「ここで登場するのが、デイヴィド・ソベル（David Sobel）の*Beyond Ecophobia*（岸由二訳『足もとの自然から始めよう：子どもを自然嫌いにしたくない親と教師のために』[08] 日経BP社、２００９年。原著は１９９６年）と、リチャード・ルーヴ（Richard Louv）*Last Child in the Woods*（春日井晶子訳『あなたの子どもには自然が足りない』[09]早川書房、２００６年。原著は２００５年）です。ソベルの*Beyond Ecophobia*は、川端さんの『動物園にできること』にもでてきましたね」

ぼくは、エコフォビアという言葉を、シカゴのブルックフィールド動物園[10]で建設中だった新しい子ども動物園の取材で知り、注目すべきものとして紹介した。しいて日本語にすれば「環境恐

—08—『足もとの自然から始めよう：子どもを自然嫌いにしたくない親と教師のために』

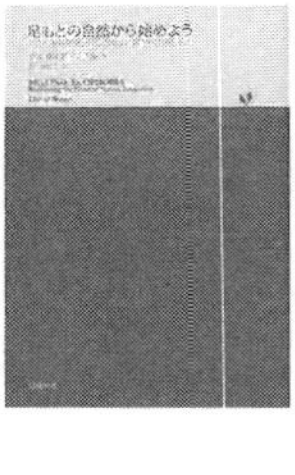

—09—『あなたの子どもには自然が足りない』

怖症」とか「環境問題忌避症」だろうか。

たとえば小学校低学年の子どもに、「遠い外国でゾウが殺されて……」ということをいくら教えても（知識として与えても）、当人たちにはどうしようもない。何か怖いことが起こっていると理解はできるけれど、何もできることがないなら、「もうその話はいい」と心を閉ざしてしまうかもしれない。本来なら、子どもの世界は、発達に応じて、家の周りの世界、そこから保育園までの世界、公園までの世界、学校までの世界というふうにだんだん広がっていくものだろう。いきなり遠い世界のゾウやサイやゴリラの話をされても、解決不能でいかんともしがたい。でも、感受性豊かな子ほど、教えられた知識に対して胸を痛める。気持ちの持って行き場がなければ、人は感じることをやめる。情報を遮断する。だから、情報を教えれば行動が変わるというのは、間違い。特に子どもに対しては大間違い。ということになる。

「エコフォビアにまつわるもうひとつのテーマは、人格形成に関するものです。何のルールもない世界で自然物を相手に遊ぶ体験が、人格形成や問題解決能力につながり、さらに、その〝思い出〟が、成人してからの〝自然を愛する心〟〝野生動物を愛する心〟というものに関連しているのではないかと。たとえば、自然保護、野生生物保護にかかわっている人に、〝あなたがこの職についた理由は何ですか？〟とインタビューすると、子どもの頃の自然体験を挙げる例が非常に多い。そのことから、ソベルやルーヴらは〝相関関係がある〟と、言っているわけです」

本日さんが動物園を「自然体験への門口」にしたいということには、まさにこういう背景がある。こういったことは、21世紀になって勃興した保全心理学という分野で、今も大きなテーマとして議論され続けている。

〔10〕ブルックフィールド動物園　1934年開園。運営母体はシカゴ動物学協会。シカゴ郊外にあり、ブロンクス動物園をひとまわり小さくしたくらいと考えればよい。シカゴ市内には別組織のリンカーンパーク動物園がある。㊟

自然体験を与えよ

本田さんは、ことあるごとにこんな内容のことを強く述べる。

「これからの動物園は、自然体験の入り口にならなければいけないのではないでしょうか。動物園の体験を一歩進めて、昆虫採集やバードウォッチングや、釣りといったより自然に近い活動に結びつけていってほしいんです」

この願望は、日に日に強くなっているようで、ぼくが本田さんとの知己を得てから数年の間にも、口にのぼる頻度はましてきたように思う。

「僕はよく、解剖学者の養老孟司氏の発言[11]を引用するんですけど、養老氏によれば都市というのは、人間の脳が作り出したもので、人間の脳の中のシステムを外に表出したものだというんです。〝ああすればこうなる〟という、非常に一元一次方程式的な法則で作られているのが都市。一方で自然は、そんな一元的な理解ができないし、コントロールできないものです。動物園は、生き物を飼っているという部分では自然に近くても、ただ見るだけで、触ることはできません。また、いつでも見えることを期待されるわけですから、やはり都市社会の装置なんです。それに対して、同じレクリエーションでも、釣りや、昆虫採集や、バードウォッチングは、自分の思い通りにはならない、相手次第なものです」

動物園と自然体験の間には、ギャップがある。だからこそ、本田さんも、90年代に動物園の将来を案じて議論したAZAの動物園教育の専門家たちも、動物園で自然体験を与えるべきなのではないかと考えた。

―11―養老孟司氏の発言
『唯脳論』（ちくま学芸文庫）、256ページ「建築物であれ、道路であれ、街路樹であれ、室内の種々の設備であれ、すべてはヒトの脳が作り出し、あるいは配置したものである。人工物以外のものは、そこから排除される。ここでは、脳はもっぱら脳の産物に囲まれ、オトギの国に暮す。そこに違和感はない」

かつては、各々の来園者がすでに持っている自然体験と、動物園での体験が合わさって、自然保護への意識が芽生え、行動に至るというシナリオが描けていた。しかし、今や最上流にある「個々の自然体験」が希薄になっているわけで、そこの部分も動物園で提供したり、きっかけを与えたりできないか、ということだ。

ならば、どうやって？　動物園で自然体験を与える、先行事例はあるのだろうか。

ハミル・ファミリー・プレイ・ズー

ひとつ思い当たるのは、ぼくが「エコフォビア」について注意喚起されたシカゴのブルックフィールド動物園だ。あの後、この問題を織り込み、まさに子どもに自然体験をしてもらうことをターゲットにした体験型展示ハミル・ファミリー・プレイ・ズーを作ったと聞いている。本田さんも、これには一定の評価を与えていた。

「〝自然の中で遊ぶ〟という体験を、動物園の中に作ろうということで、子ども動物園を改修したんです。そこでは、水遊びや砂場遊びができたり、枯れ木など色々な自然物があって、それらで遊べるようにしてありました。さらに〝視点取得〟ということで、フェイスペインティングで動物の顔をまねてみたり、中には獣医になるとか、あるいは、植物に水をやってお世話するとか、エンリッチメントの道具を作ってみるとか……様々な体験ができるようになっていました」

ぼくも『動物園にできること』の中で、計画を肯定的に紹介しているのだが、その後に、しっかりとしたものに仕上がったらしい。

「ただ、残念なのは、維持するためにはやはり〝人〟が必要だったことです。この施設は、ハミル・ファミリーという一家が主にお金を出して作ったのですが、その寄附が底をついた時点で、職員を常駐させることが難しくなってしまいました。施設自体はオープンしていますが、こういった活動の多くの部分が、最近は〝開店休業状態〟と聞いています。[12] さきほどのルーヴは〝自然の中での遊びの犯罪化 Criminalization of Natural Play〟という言葉を使っています。一例を挙げれば、施設で木に登らせて、落ちてケガをしたら、運営側として訴訟のリスクがすぐに頭に浮かんでしまいます。そして、安全対策に人を割けないなら、いっそなくしてしまおうと考えてしまうわけです。やむを得ない部分もあるとはいえ、そこを何とかしなければいけないのではないか、とルーヴは強く言っています」

「自然の中での遊びの犯罪化」というのは、たとえば、昔は都市部にもよくあった「空き地の草っ原」を想像してみてほしい。ぼくが子どもだった1970年代には、そこで捕虫網を振りまわしてバッタを追いかけようが、ゴロンと置いてある土管や板切れを使って秘密基地を作ろうが咎められなかった。それが今では、「危ないからやめなさい」と言われるかもしれないし、そもそも空き地には柵がしてあって勝手に入れないようにしてあるかもしれない。無視して入り込めば不法行為になってしまう。一方で、その空き地の持ち主にしてみれば、ちゃんと管理しようとせずに子どもが怪我をしたら責任を問われるからやらざるをえない。かつて当たり前だった〝自然の中での遊び〟が、社会の様々な局面で「犯罪」とはいわないまでもイケナイコトになっているわけだ。

シカゴ・ブルックフィールド動物園はこういった趨勢を補おうとして野心的な「プレイ・ズー」を作り、一定の成功をおさめた。しかし、やはり同じ〝自然の遊びの犯罪化〟の流れの中で、「停

―12―〝開店休業状態〟と聞いています
2013年に一度クローズして改修、2015年にハミル・ファミリー・ワイルド・エンカウンターズとして再オープンしていました。㊍

滞」を余儀なくされている。「ブルックフィールドのジレンマ」とでも呼びたくなる事例だ。

以上のような話を聞いて、ぼくがブロンクス動物園で見たくなったのは、やはり「子ども動物園」だったということで、ようやくこの章の冒頭まで戻ることができる。

知識が必ずしも行動につながらないどころか、子どもに関してはむしろ忌避の感情を生んでしまうことがあるとしたら、「自然活動への門口」はまず子どもをターゲットにすべきと考えられるからだ。２０１２年に改修されたブロンクスの「子ども動物園」では、「ブルックフィールドのジレンマ」への対応も含めて、どんな展開があるだろうか。ここで、やっとブロンクスの話ができる。本田さんと一緒に歩いていこう。

｜上｜ハミル・ファミリー・プレイ・ズー。2005年撮影
｜中｜飼育の仕事を体験しているところ　提供：石田郁貴
｜下｜“動物になろう！”のコーナーでは、フェイス・ペインティングができる。2005年撮影

改修された子ども動物園

「ブロンクス動物園にはじめて子ども動物園ができたのは１９４１年ですが、今の展示のもとになっているのは１９８１年にオープンしたものです。その時から、革新的なスタイルで、色々と〝体験〟ができるようになっていました」

本田さんは、そのように言う。「革新的」というのはダテではなくて、１９８１年に作られた展示が今も世界中で真似をされている。

「プレーリードッグの展示の中に地下から入っていって顔を出すというのはここが最初で、今でもあちこちでコピーされ続けています[13]。日本でもよくありますよね。２０１２年の改修ではすこし動物展示も変えて、できれば〝自然体験〟や〝自然の中での遊び〟の要素を足せないだろうかと考えながらデザインを進めました」

もともと、１９８１年バージョンでも「体験型の学習」に重きをおいた子ども動物園だったのだが、２０１２年バージョンでは、さらに「自然体験」「自然の中での遊び」的な要素を加えて現代的なアップデートをほどこした。これらがどう違うかというのは、ちょっとわかりにくいかもしれないが、のちほどすこし考察する。

改修にあたっての「ビッグ・アイデア」を教えてもらった。

〈動物に近づく体験や、体を動かして動物の生活を知る体験を、子どもたちに与えることで、野生動物や自然に対する長期的な愛着を持ってもらう〉だ。

面白いことに、他の展示ではあまり見ない「雰囲気（Mood）」という項目がビッグ・アイデアと

|13| あちこちでコピーされ続けています
プレーリードッグにかぎらず、他の動物の展示にも使われている。川

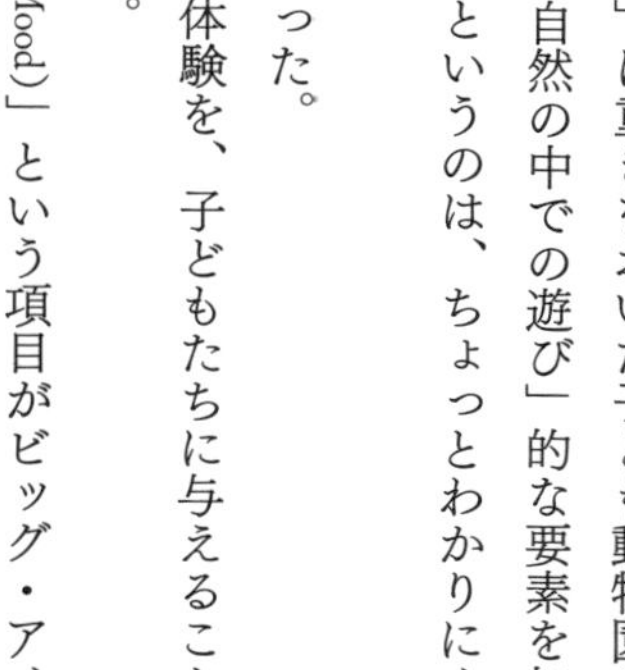

写真：日立市かみね動物園のチンパンジー展示

ともに最初から指定されている。それによれば、この展示で実現すべき雰囲気は、「遊び心に満ち（playful）、活動的（active）、わくわくする（exciting）、夢中にさせる（engaging）」といったものだ。

さて、この目標に向けてどんな展示に仕上がったのだろうか。

すみか（Homes）

エントランスをくぐり、最初に感じるのは、ここが、こぎれいで、開けていて、心地いい空間だということだ。ブロンクス動物園には木立が多く、夏の盛りでも快適なことが多いのだが、子ども動物園は特にそうだ。木々に囲まれた立地といい、周到に設計された景観といい、その中で躍動する子どもたちの姿といい、すべてが一緒になって、快適な屋外遊びの場としてふさわしいと感じさせる。

また、サインなどに使われているイラスト[14]も、この小さな世界の雰囲気を方向づけている。ブロンクス動物園の他のところとはまったく違って、リアリズムよりは、絵本の世界。展示のムードである「遊び心に満ち」「活動的」「わくわくする」「夢中にさせる」といったことに合致する。

エントランスから進んで、最初に出会うのは「すみか（Homes）」のコーナーだ。

様々な生き物の「巣」がわかるような展示があり、それらに応

改修された「子ども動物園」のオープニングにて。イラストを描いたブレンダンさんと本田さん

14　サインなどに使われているイラスト
イラストにはブレンダン・ウェンツェルを起用。ブレンダンは今や人気絵本作家となり、2017年に権威ある「コールデコット賞」の次点となった作品が『ねこってこんなふう？』（石津ちひろ訳、講談社）として邦訳されています。本

じた体験的な仕掛けも充実している。日本語的には「すみか」と訳したけれど、小さい子にしてみると「おうち」のイメージかもしれない。

まずは、ちょっとした小屋くらいの大きさのバードケージの中にはゴイサギがおり、手を伸ばせば届きそうなくらいの近くで、木の枝でできた巣を作っている。来園者はバードケージの中を通り抜けることができるようになっているので、柵やネットに隔てられていない同じ空間でゴイサギの巣作りや子育てを見ることができる。これはかなり強烈な体験になりうる。さらに、このゴイサギの巣のすぐ隣には、人間の子どもがちょうど中に入って遊べるくらいの樹脂製の巣が置いてある。中に入ると親鳥、もしくはヒナの気分になれる。結構、みんな、きゃっきゃっ言いながら遊んでいた。

有名なプレーリードッグの展示もこのエリアにある。展示の下から突き出したアクリルの筒に顔を入れ、プレーリードッグと同じ視点であたりを見渡すことができる。

こういったものを通じて、「すみか」を経験していくと、子どもたちの中で動物たちとの距離が縮まるばかりではなく、内面に動物たちの視点まで作りあげて、つまりは「視点の取得」に成功するかもしれない。

うごきまわる(Moving around)

次のテーマは、「うごきまわる(Moving around)」だ。

様々な動物の動き方が、まず、パネルで解説される。

たとえば――

デグー（南米の高地に棲むげっ歯類）は、走りまわり、ジャンプする。

ヘビは、足がないので、地面をくねくね進む。

サンショウウオは、お腹を地面にくっつけるみたいにして、4つの足ではう。

といったふうに。

そして、子どもたちは、このエリアで、動物になったつもりで思い切り体を動かすように促される。

クモの巣のように編んだロープを登ったり、ジャンプした距離を様々な動物の平均的な跳躍距離と比べたり。

「自然体験の遊びの要素を多くしようということで、この部分には大きな岩を買って置いたんですよ。岩登りができるように」

本田さんの言葉にぼくはあたりを見渡した。というのも、そのような岩登りができそうな岩が見当たらなかったからだ。

「岩って高価でして、それをランドスケープデザインのインターンが、一生懸命デザインして、綺麗な岩組みを考えてその通りに積み上げたんです。なのに、ぎりぎりになって撤去することになりました。ちゃんと議論して、合意を得て持ってきたんですけど、リスクマネジメントとしては、これは危険だということになってしまって。せっかく持ってきたんだから、柵でもしてそのまま置いておけばいいのに、結局、景観の一部にすらならなかったわけです」

子どもたちに、動物のように「登る」という行動をとってもらおうというのは、ビッグ・アイデアにもかなった意図のはずだが、ここでは残念ながら、安全を気にする管理者の判断が勝ったわけだ。これもやはりリチャード・ルーヴの言う「自然の中の遊びの犯罪化」というやつだろうか。

「自然の中で体を動かす体験って大事だよねというのは、みんなが共有している部分なんですが、それを絶対的に中心的なものとして、なんとでも実現させた方がいいと積極的に捉えるのか、そこまでしてやる必要があるのかというレベルなのか、その温度差ですね。子ども動物園として、もっとも基本的なこととして共有されているのは、小さい子がいる家族が楽しめる動物体験を提供するということです。こういう体を動かす体験については、個別に賛成か反対かが分かれます」

これについては、ビッグ・アイデアと違うじゃないかと思わなくもない。でも、ＷＣＳの場合、上級の管理職であるリスクマネジメント担当者が「これはダメ」と決めたものは覆し難いという。

食べものをみつける (Finding food)

続くコーナーは、体を動かす要素が大きかった「うごきまわる」とは違って、まずは動物を見ることに集中してしまいそうな求心力がある展示が真ん中に置かれている。

放飼場となっているのは、細長い池に浮かぶふたつの小島だ。そこにはなかば倒れかけた木々があって、ツタが絡まっている。そして、それらの上を、毛を金色に輝かせた美しい動物が行き来している。小柄な新世界ザルのリスザルだ。

「ここは、以前は水鳥だけの池だったんですが、今回の改修でリスザル[15]を加えました。もともとちょっと地味な場所だったので、もっと有効活用しようということですね。今、ブロンクス動物

—15— リスザル
霊長目オマキザル科。種群として中南米の森林に広く分布、現在これを5種に細分する意見が主流。頭胴長約30センチメートル、尾長もほぼ同じかすこし長め。樹上に群れで暮らし、果実や昆虫を食べる。ペットや実験動物とされるが、一般家庭での適正な飼育は難しく安易に飼育すべきではない。㊍

｜1｜新しい「子ども動物園」のエントランス
｜2｜プレーリードッグ展示の「アクリル筒」
｜3｜ゴイサギの巣
｜4｜ロープで編んだクモの巣
｜5｜子どもたちは、人工の巣に入って遊ぶ
｜6｜リスザルの島の擬木は開くことができる。組み立てると229ページの写真のようになる

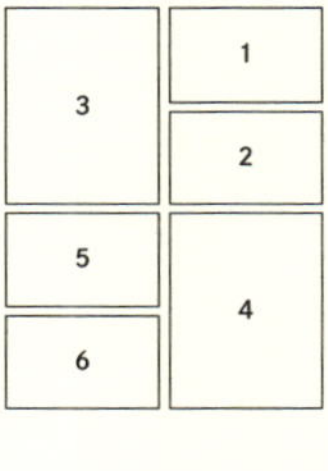

園には、中南米の動物の展示がないので、子ども動物園に集めている面もあります。この〝食べものをみつける〟のコーナーには、オオアリクイ、ハナグマ、アリゲーター、ベニイロフラミンゴ、サケビドリ、次の〝安全に過ごす〟のコーナーにはナマケモノがいて、基本的に中南米産の動物で構成するようにしています」

池の周りを歩いていると、ふたつの島がひとつに重なって見えて、なおかつ、細長い池の奥行きが際立つ角度がある。そこに来るとなにか胸にぐっとくるものがあり、足を止めて見入ってしまった。写真も撮ったが、この奥行き感はなかなか写し取ることができない。これは緑豊かな季節に見ると格別であると伝えておきたい。

「ランドスケープデザイナーが、どの角度から見て、どう配置したら、一番奥行きが深く見えるかとか、飼育する動物が飛び出さないためにはどれだけ距離をとらなきゃいけないかっていうことを勘案しながら、島の形を決めていますからね」

本田さんとの話の中で、ランドスケープデザイナーはどちらかというと、グラフィックデザインに無頓着な「仮想敵」として現れることもある。これは立場上仕方がないことだ。でも、この瞬間、本田さんは、確実に「僕たちのランドスケープデザイナーはすごいでしょ」という表情なのだった。

さらに、ここでは「展示工房」もいい仕事をしている。

「うちの展示工房で作った擬木がありますけど、これはなんていうか、合体ロボみたいにバラバラになるんですよね。あの木のウロの中で、動物が夜寝られるようになっているので、いつでも開いてメインテナンスができるように。ツタも作ったものなので、開く時には取り外してやります」

擬木を外注すると、日本円にして安くても数百万円、高いと数千万円くらいはかかってしまうので、こんな飼育管理上の要請にマッチしたものを作るのは自前の組織でないと、コストの問題として難しいだろうと思う。

なお、リスザルについては、「果物や昆虫を食べる」と掲示されており、このエリアの大テーマの「食べものをみつける」に関連付けられている。

他には、オオアリクイのように特徴的な食べ方をするものも飼育されているし、日本の動物園ではそれほど見ないハナグマの展示もあった。ハナグマが、木に登って鳥の卵を食べるというのを疑似体験できるように、子どもが登ることができる木が設置されていて、例の絵本ふうのサインで、「ハナグマのように登ってごらん。何か食べものはみつかったかな?[16]」と書いてあった。これは「岩登り」のような危険はないという判断だ。改修前からあるものなので、そういう点でも実績があるのだろう。

安全に過ごす（Staying safe）

このエリアも、以前からある遊具などをうまく使っている。リクガメの巨大な甲羅（カメが「安全に過ごす」ための要である）の模型の中に入ることができたり、木を組んだ櫓の上から違う角度で動物たちの姿を見ることができたり、ブロンクスに行けばこれがある、というふうに地元としては馴染みのものがそのまま残されていた。木の櫓は、実は滑り台がついているので、そういう意味でも人気が高い。

—16— **何か食べものはみつかったかな?**
改修前はワオキツネザルのように木に登ることがポイントでしたが、改修時にテーマが「食べものをみつける」になったので、擬木に鳥の巣を付け加えました。本
写真：これがその鳥の巣とサイン

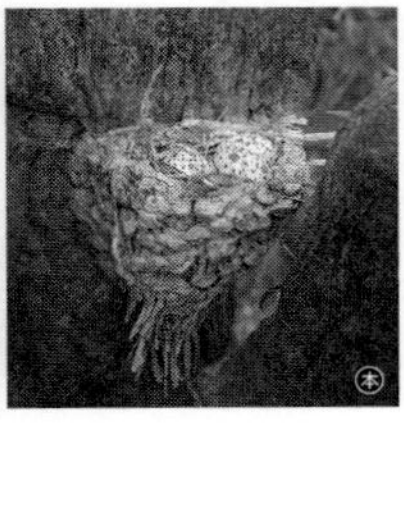

| 左 | リスザルの島。この角度からが美しいと思うのだが写真では充分に伝わらない

| 右上 | リスザルの親子

| 右中 | ふと見るとナマケモノが休んでいる

| 右下 | 竹林の「迷路」にジャガーの姿。ぎょっとする子どもはいるだろうか

ちょっと風変わりで、また、よく利用されているのが「竹林」だ。子どもたちは、竹やぶの中に、自分たちだけで入っていくように促される。そこは簡単な迷路になっており、たどっていくと、南米パタゴニアの草原に棲む大型げっ歯類マーラを見ることができる。ネズミの仲間とは思いがたいほど足が長く、見る角度や仕草によって、シカにもウサギにもカンガルーにも似ているように見える不思議な動物だ。目を奪われてしまう。

しかし、そこでふっと振り返ると、いきなりジャガーの切り絵ふうのパネルの前にいることがわかり、ドキッとさせられる。

「ぎゃっと驚いてくれるといいなと思うんですけど。でも、絵のスタイル的にそんなにリアルじゃないですから、どうでしょうね」

少なくとも、怖くて泣き出す子がいる、というものではなさそうだ。

また、一応これは迷路なので、出口を探すのもひとつのイベントだ。小さい子にとっては、保護者がいるところまでちゃんと帰れるかどうか、小さな冒険になる。

子ども農場

子どもたちの声が弾ける。

本当に楽しい時の子どもたちの声は、それ自体に色がついているみたいにキラキラしている。

子ども動物園の最後のコーナーは、「子ども農場」だ。

野生動物ではなく、家畜など、人間の近くで過ごす動物がいて、餌やり体験などができる。餌をあげられるというのは、最強コンテンツのひとつで、子どもたちは本当にここで弾けている。

ただし、子どもたちがいる場所と、ヤギなどの家畜がいる場所は隔てられていて、餌やりは柵越しだ。

「フィラデルフィア動物園とかフロリダのジャクソンビル動物園[17]とか、よその動物園では、子どもを中に入れています。餌をやるんじゃなくて、ブラシを持ってもらってブラッシングしてやる。そうすると、餌に向かって動物がたくさん集まってきて、動物どうしで争いになることもないし、餌をやりすぎて困ることもないし。その方が〝動物のお世話をする〟っていう感覚を養うためにはいいんじゃないかっていうことで、そういうふうにやっているところが増えているんですけどね」

展示意図を考えたら、そっちの方がよさそうだが、リスクマネジメントも含めて、色々悩ましい面があるようだ。

「ブロンクスの飼育管理の考え方は、利用者不信といっても差し支えないくらい動物のことを最優先で心配するんです。展示デザインの側は、家畜コーナーでは〝動物の世話をしてあげる、動物を慈しむという心を育てる〟ことがひとつの課題だと考えていて、それをいかに体験させるか工夫しています。だからブラッシングがないのは非常に残念なんですが、そのかわりにロバやコビトコブウシのセクションでは、井戸のポンプで水をやることができるようになりました。でも、この時も、キューレーターは、まず、子どもたちから変な病気が動物にうつらないかと心配するんですね。だから設置したポンプでは、子どもは直接水に触れないようになっています」

17　ジャクソンビル動物園　1914年開園、1925年に現在地に移転。運営はジャクソンビル動物学協会、土地建物と動物は市の所有。90年代のテコ入れ以後頑張っている。2014年にはトラがぐるぐると移動できる回廊型の展示を完成。植物・造園も美しい。㊍

| 上 |「子ども農場」では、動物たちと同じエリアに入れない
| 下右 | 餌のペレットが50セントで販売されていた
| 中左 | 外に出ると動物たちの絵が「お見送り」してくれる
| 下左 | よくよく見ると寄付者の名前が記されていた

「ふれあいコーナー」について

さて、ここで日本の話。

ブロンクスの「子ども農場」では、飼育管理上の制約がとても強いことを知ったわけだが、一方、日本ではその点が緩い。

子ども農場に類する系統として、「ふれあいコーナー」「ふれあい動物園」などと称されるものが各地にある。そこではモルモット、ウサギといった小動物を直接抱っこしたり、膝においたり、なでたりすることができる。スペースが許せばヤギやヒツジといった農場動物もいる。

こういった「ふれあい」については、日本でも賛否両論があって、時々、その意義について論争めいたことが起きる。ここでは、ちょっと脱線するかもしれないが、日本の「ふれあい」が本田さんの目にはどう見えるのか聞いておこう。

「日本のやり方で気になるのは、ちょっと人間本位に過ぎるのではないか、ということです。日本ではおさわり体験を〝ふれあい〟という言葉でずっと表現してきていますよね。日本で親しくしている先輩の動物園人などの間では、この言葉がしばしば槍玉に上がります。動物の方は望んで触ってもらっているわけではないからです。イヌやネコで触られるのを喜んでいるのなら話は違いますが、それでも小さい子に触られるのを嫌う個体は多いですからね。動物にストレスがかからないような持ち方、触り方というのを動物園では指導しているといっても、動物の側の事情への配慮がまだ足りないのではないかという懸念がありますね」

これは日本で「ふれあい動物園」に批判的な人たちにも共通する意見だ。「ふれあい」という言

ネブラスカ州オマハにあるヘンリー・ドゥーリー動物園の「ふれ合い」的な体験。ブラッシングでき、ペレットではなく草を与えられる

葉自体欺瞞的で、一方的な「おさわり動物園」という方が実情にそぐっているという話。

「一方で、動物という実体に触れてみるということはものすごく大切なことです。どのように扱ったらいいか体験として学ぶのがまず大事で、どんな学習でもそうですが、やってみて失敗するというのも大事です。だから、動物のおさわりもやらないよりはやった方がいいに決まっていると思っています。でも、〝絶対に安全〟〝絶対に痛い思いをしない〟というゾーンでやっている分には得られるものにも限界があるかもしれません。本来、人間は、擦りむいたり切り傷を作ったりしながら体の動かし方や指先の使い方やそういうことを学んでいくわけです。でも、超都市化社会ではそういうことを忘れてしまっている人が大多数になっている。だからこそ動物園は自然体験への門口にならなければいけないと思っているのです。とても難しい、悩ましいことです」

　さわられる側の動物の福祉に配慮しつつ、さわる体験自体には、本田さんは大きな可能性を見出している。でも、思うに、来園者が「絶対に安全」「絶対に痛い思いをしない」から逸脱するような仕組みは、つまり、動物にとっても不快な状態でもある可能性も高く（不快だから引っ掻いたり、噛んだりするのだろう）、本田さんが考えるような自然体験の入り口としては困難があるだろう。その点は、考えを深めていくべきところだ。いずれにしても「ふれあい」をめぐって、日本国内でもこのような議論があること自体、知っておいてほしい。

整理できていない！

さて、子ども動物園を本田さんと実際に歩いてみて、何かもやもやしたものが残った。リスクマネジメントや予算の問題で、本田さんが意図したようなものに必ずしもできていないというのがひとつの理由だ。本田さんが子ども動物園で実現しようと考えた自然体験や遊びの要素は、かなりのところ不発に終わったようだし、「ブルックフィールドのジレンマ」はここでもやはり威力を発揮してしまったのではないだろうか。

それと同時に、ぼくは、仔細に検討すればするほど混乱していった気がする。子ども動物園の中にある様々な要素をどのように位置づけて理解すればいいのかわからない。

「つまり、野生生物保護への市民参加、身体的な活動を通じた体験的な学習、自然体験や遊び、というようなことがおたがいにどのようにつながっているのか、川端さん自身の中でも整理しきれていないということなんじゃないでしょうか」

というのが本田さんの見立てだ。

たしかに、その通りだ。

それらは、おたがいに絡まり合っていて、完全に独立とは言えない。それぞれ、重なりあっていつつも、別の階層で動いており、うまく切り取ろうにも安易な単純化を許さない。

では、こういったことを日々考える立場にある本田さんはどうだろう。どんなふうに整理してみせてくれるだろうか。

「体験型学習」と「自然体験」は違う？

「まず、ちゃんと区別しておきたいのは、〝体験型学習〟と〝自然体験（nature experience）や自然の中で遊び（nature play）〟です。これらは、やはり別のものだろうと思います。ブロンクスの子ども動物園には、1981年、現在のもとになった展示ができた段階でも体験型の学習がたくさん用意されていました。一方で、自然体験というのは事実上ありませんでした。それで、今回の改修でそういう要素を加えようとしたんです。でも、残念ながら結果は限定的でした。岩登りがダメになったのは言いましたけど、他にもうまくいかなかったものがあります」

子ども動物園で多用されていた古くからの仕掛け、たとえば、自分がジャンプした距離と様々な動物の平均的な跳躍距離とを比べたり、「プレーリードッグのようにトンネルをくぐっておいで」と促されて、プレーリードッグと同じ視点に立ってみた上でその生活を理解したりするというのは、いずれも、体験型の学習という方に近い。一方で、そこにある岩を使って遊ぶというのはむしろ自然体験か自然の中での遊びの側に近いだろう。本田さんは、後者の要素を増やそうとして、うまく果たせなかった。

岩登り以外にも、リスザルの島がある池の端に作った吊橋。吊橋自体は人工物だが、ゆらゆらとして不安定だという点で、自然の中での遊び体験になるかもしれない。しかし、安全面の配慮から、ごくごく短い距離で、かつ、頑丈に作ることになって、「不安定感」は損なわれた。また、竹林の迷路も「森の中で迷う」という、子どもとしてはドキドキハラハラするような体験につながることを期待しているが、迷路としてはあまりに小さく、効果は貧弱だ。だから、本田さんは、とても残念に思っているという。

もっとも、動物園内で提供する体験にどれだけ、不確実性をともなうリスクを許すかというの

｜上｜ジャンプしてみる。動物と比べてみる。いわゆる体験学習の一例

｜中｜ごくごく短い吊橋

｜下｜迷路の入り口部分

はやはり困難な問題だ。ぼくは一連の話を聞きながら、動物園がそこに大きく踏み込むというのはちょっと荷が重いのではないかという気がしてきた。想像してみてほしい。竹林の中で道に迷いながらも出口を探す体験を「本物」らしくするためには、実際に迷いかねないくらいの迷路が必要だろうし、とすると、本当に親とはぐれてしまう子も出てくるだろう。でも、動物園の展示で本当に迷子が続出したら、やはり困る。工夫をするにも一筋縄ではいかない。

「迷路については、まさにその部分が課題でした」と本田さん。

「たとえば、入り口と出口を別に作ると、親はどこで子どもを捕まえたらいいかわからないのではぐれる可能性がとても高くなります。そこで、迷路の入り口と出口を同じ場所にする必要がありました。すると、その出入り口の部分で来園者が行き交い、また、親が子どもを待つことにもなるので、相応のスペースが必要になりました。それを確保しながら、迷路の方にもちゃんと機能するだけの充分な広さを取ることが難しく、かなり中途半端なものになってしまいました」

「自然体験」と「自然の中での遊び」をめぐって

さらに細かい話になっていくが、本田さんは、自然体験〝nature experience〟と、自然の中での遊び、いわゆる〝nature play〟との違いも気になっているという。

「森の中を歩いたり、カヤックで湖や川を行くのは自然体験だといえますが、一方で、自然の中での遊びというのは、自然物を素材に何か〝遊び〟をする、ということです。ソベルは〝砦作り〟〝秘密の基地作り〟、といったことを例に挙げていますね。大事なのは、野球とかサッカーとかいうように、はじめから決められたルールの中で遊ぶのではなく、そのルール自体、遊んでいる最中に、自分で、または仲間たちのうちで作られていくもの、ということです。〝〇〇ごっこ〟もこの範疇だと考えています。こういった自然の中での遊びが〝自然体験〟の一部なのか、それとも共通な部分を持ってはいるけれど別々のものなのか、僕は、今のところ十分に勉強も考察もしていないんですが、少なくともニュアンスが違うと感じています」

たしかにこれらは、「似て非なる」ものである気がする。しかし、共通する部分もあるし、境界も曖昧だ。たとえば、カヤックを漕ぐのは自然体験ということだが、カヤックに乗って即席ルールの鬼ごっこを始めたりすると、一気に自然の中での遊びの要素が濃くなる。それらを区別するのが大切な時もあるだろうけれど、まったくの別物とするのも危険だろうと思う。

「さらにですね、〝自然体験〟にしても、たとえば動物園に来ることそれ自体が、自然体験になりうるかという議論もあって、それも精査が必要だと思っています。動物園には野生動物がいるけれど、それに会うのは、どの程度、自然体験なのか。違いを明確にするために、本物の自然体験〝authentic nature experience〟というような言い方をしばしばします。ブロンクス動物園に来て展示動物を見るだけなら本物の自然体験にはならないかもしれないけれど、ブロンクス動物園内で渡りの季節に野鳥を見るのは本物の自然体験と言えるだろうと思います」

誰かが言わなければならない

以上のようなことを踏まえて、本田さんはこんなふうに整理する。

「体験型の学習については、展示体験でのメッセージの伝達や学習効果の向上の方法論だと考えてください。これは、従来から議論されてきて、実践されてきたことだといえます」

子ども動物園にも、その他の展示にも、体験型の学習は取り入れられていた。それこそ、立体物を触ったり動かしたりして理解するという類のものから、ゴイサギの巣の模型の中に入ってヒナの視点を獲得したり、カメの甲羅の中に潜り込んで「安全」を感じたりといったふうに、「遊び」の側にちょっと寄ったものまで色々なタイプのものがあった。

ここまでは、本田さんが職業的に実践してきて、ノウハウも蓄積している部分だ。

「一方、自然体験〝nature experience〟と、自然の中での遊び〝nature play〟は、動物園の典型的な展示体験とは異質なものだと考えています。つまり、展示デザインではどうしようもない部分が多い。もっと言うと、動物園だけでも解決できず、近隣のネイチャーセンターなどと協力することが必要になる場合も多いでしょう。さらに、事故などのリスクの問題、やったからといって経営上プラスの効果があるのかわからないという問題、長期的な継続ができるかというような課題があるので、結局、経営トップの意思がないと難しいです。僕の今の力ではどうしようもないので、夢物語かもしれないと言っているわけです。でも誰かが言っていかないとと思いますので」

野鳥観察とネイチャートレック

ブロンクス動物園で提供されている諸々の仕掛けは、子ども動物園も含めて、概ね体験型の学習にとどまっていると本田さんは考えている。

では、自然体験や自然の中での遊びを取り込むという意味での到達点は、今のところどのあたりにあるだろうか。

「自然体験としては、鳥の渡りの時期にバードウォッチングに参加してもらうという企画を数年前にようやく実現しました。でも、諸般の事情から3年ほどで終わってしまったんですが……」

朝、本田さんと話していた時に近くを飛んでいたキャットバード（ネコマネドリ）のことを思い出した。ブロンクス動物園がある緑地は野鳥がたくさん訪れ、園内で色々な種類を観察できる。鳥ではないけれど、ぼくは個人的にリスが大好きで、ついトウブハイイロリスを観察してしまって、時間を忘れることがある。そういえば、最近、野生のビーバーが動物園の際を流れるブロンクス川に巣を作ることがあるそうで、いつかそれを見たいとも願っている。野生生物と遭遇するという意味での自然体験なら、ブロンクスでは色々やりようがあるだろう。

もっとも、これは日本においては、意欲ある動物園、水族館ではわりとよく行われているもの[18]だ。たまたまぼくがこの1年くらいのうちに日本の動物園の知人から聞いただけでも、円山動物園、多摩動物公園、上野動物園、葛西臨海水族園、江戸川自然動物園、千葉市動物公園、埼玉こども動物自然公園、安佐動物公園、沖縄こどもの国などで、園内、もしくは近所で、鳥や磯の生き物などを観察するプログラムを実施していた(ボランティアによる実施も含む)。網羅的に調べたわけでなく、たまたま耳にしたレベルでこれだ[19]。むしろ、日本の方が気軽にこういうことができる背景があるのかもしれない。

一方、自然の中での遊びの方はどうだろう。

「実は、ブロンクスでも昨年（2017年）オープンした〝ネイチャートレック（Nature Trek）〟という展示で、シカゴのブルックフィールド動物園のハミル・ファミリー・プレイ・ズーにちょっと

18 わりとよく行われている
ちなみに(公財)東京動物園協会の動物園友の会では、高尾のムササビ観察会や磯の生物観察会などを何十年も続けています。古賀先生の先見の明ですが、国際的に認知されるべき取り組みだと思います。本

19 たまたま耳にしたレベルでこれだ
「うちの動物園が入ってない!」と感じた動物園関係の人はとても多いと思うが、他意はない。本当に、たまたま耳にしたところをピックアップしている。川

近いものを作って、自然の中での遊びの片鱗は提供していると思います。ただ、そこは別料金ですし、動物もいませんし、動物園なのかと言われればちょっとわかりません」

ネイチャートレックには、大きな木のやぐらがあり、吊橋があり、砂場があり、子どもたちは、そこで思い思いの遊びを繰り広げる。見えそうな鳥の種類や鳥の巣などを探してみようと呼びかけるサインはあるが、鳥を飼っているわけではない。「動物を飼育して、見せる」のが動物園なら、これは動物園ではないことになる。[20]

「僕たち展示部門のEGADが直接できることとしては、今改修が進んでいるニューヨーク水族館の例があります。多くの人が経験したことがあるだろう磯遊びや釣りの思い出を呼び起こさせて、ニューヨーク近郊でもそういうことができる場所がありますよと伝えるような、解説展示を設けようという計画があるんです。これも自然体験や自然の中での遊びを誘発させられればよいということなんです」

きっと、都市に住んでいても、ちょっとした自然の場所を知っていて、磯遊びや釣りをするのはクールだ！　というようなソーシャル・マーケティング的と言えなくもない展示[21]になるのだろうか。

こういったところはまさに最前線であって、本田さんたちは常に試行錯誤をしているのだった。

一番、強い体験

最後の最後に、発想を変えて、動物園で来園者が得る、一番、本質的で強い体験とは何だろう、と考えてみる。

—20— **これは動物園ではないことになる**
ネブラスカ州オマハのヘンリー・ドゥーリー動物園には、Nature Trekの20倍はありそうな遊び場ができていました。ネブラスカのような「田舎」ですらそういう施設を作らなければいけない。それほど都市化が進んでいるという現実です。本

—21— **ソーシャル・マーケティング的と言えなくもない展示**
そういう方向を向いていることは間違いありません。ちなみに葛西臨海水族園の淡水生物のセクションで行われている「水辺に生きる草」と言う特設展示の解説がものすごく良くできていて、魚とりや水遊びで川に行こうというメッセージがありました。有能なデザイナーがかかわれば日本でもとても良いものができます。270ページ参照。本

あえて原点に戻って、動物園にできる一番ベーシックなことは何か、と。

朝からさんざん話し続けた後で、一緒に動物園を出てマンハッタンで食事を終え、ラストの話題がこれだったと思ってほしい。夜になっても蒸す熱気の中で、最寄りの地下鉄まで歩きながら、もう一度、動物園についての大前提に戻ってみようと。

「それは、動物園ができることの中で、一番、強力無比なことは何か、ということですね」と本田さんは言った。

その通り。ぼくはまさにそういったことを聞きたかった。

「これまで言ってきたことと、やや矛盾する議論になるかもしれませんが――」と本田さんは切り出した。

「動物園ができる一番、強力無比なことは、動物を好きにさせる、動物をすごいと思わせる、そういうことではないでしょうか」

動物への愛着を作り、はぐくんでいくきっかけを与えうる場所としての動物園ということだろう。

ぼくは、ここで、すでに否定されたものとして言及した、ババ・ディオウムの名言を思い出した。

〈私たちが守ろうとするのは、自分たちが愛するものだけだ。私たちが愛するのは、自分が理解するものだけだ。私たちが理解するのは、教えられたことだけだ〉

一時、流行したこの言葉について、「教えたからといって、行動（守る）に至らない」ということがはっきりした、というのが否定のポイントだった。

でも、「愛するものしか守らない」のなら、動物を愛するようになる機会を与える場としての動物園というのはやはり意味があるのではないかとも言えるわけだ。

ババ・ディオウムの言葉は完全に否定されたというよりも、その一部は有効なのではないか。

「ですから、〝愛〟という部分と、〝守る〟という部分をなんとかしてつながなければいけないんです。そして、知識を与えることによってそれができるわけではない、ということです。対象に対して愛を持つことは重要だけれども、同時に、守る行為に対して積極的になる感情を持ってもらうまでになるには、何が必要なのだろうかということですね」

ああ、なるほど。

だからこそ、ソーシャル・マーケティングの手法が注目され、実際に試みられてきた。いくつかの条件が満たされれば、有効であることもわかった。

そして、さらに本書の中で、最後に立ちはだかった大きなテーマにもつながっていく。

「僕がこだわる自然体験や、自然の中での遊びというのも、ここにかかわっていると思っています。つまり、〝愛〟の質の違い、種類の違い、ということでしょうか。動物園でだけ動物を見て好きになるというのは、テレビでアイドルを好きになるのと変わらない面があります。観念的ですから。つまり脳内でのことが多い。〝おさわりコーナー〟などは例外的で、だからこそ重要だとも言えます。自然体験というのは自分の肉体、五感とつながっていて、自然というのは思い通りにならないものだということも含めて、体感として納得する、ということなので。これがないと人間生活と自然環境保護との折り合いをどうつけるかということもきちんとわからないと思うんです」

北米とはかなり違う文脈にある日本の動物園では、こういった議論はどのように「翻訳」できるだろうか。動物園という場の可能性と限界を問うことにもつながることは間違いなく、広く共有できればと願っている。

終章
日本の動物園から創る未来

対話の終わりに

本書の草稿を書き終えた2018年8月末、ぼくと本田さんは東京で再会した。日本の読者に向けたこの本は、日本の話題で終えるべきだとふたりとも感じており、そこだけに集中して対話するためだ。

実は本書の企画が走り始めた2016年から、本田さんは日本に帰国する機会が増えた。「市民ZOOネットワーク」という団体が主催する「エンリッチメント大賞」[01]の審査員にも就任し、ここではぼくと一緒に「仕事」をすることになった（ぼくも審査員を務めている）。また、目ざとい日本の動物園関係者や動物園ファンからの依頼で、帰国のたびに講演会も開催されている。井の頭自然文化園で、動物画家としての本田さんの作品を展示しつつ同時に講演会も開いた時など、何回かの講演会にはぼくも参加した。

印象深かったのは、講演後の参加者の反応だ。基本的には「驚いた」「圧倒された」というもので、動物園のプロ、飼育員のうち何人かは、どうやって自分たちの仕事に取り込めばいいのかとっかかりが見つけられずに困惑していた。一般の動物園のファンたちも、やはり日本の動物園と大きな違

01 エンリッチメント大賞　「動物園を通して人と動物の関係を考える」をテーマに活動する市民ZOOネットワークが2002年より主催。環境エンリッチメントに取り組む動物園や飼育担当者を応援すると同時に、市民と動物園をつなぎ、動物園に対する意識を高めることを目指す。川

いがありすぎて、ぽかーんとしたまま終わってしまうこともあった。しかし、動物園への就職を考えている学生さん向けの話の後では、みんな大いに刺激を受け、モチベーションをアップさせていた。

実際のところ、よその国の優れた事例やその先にある葛藤を知ることは、自らを知ることでもあって、「役立たない」ということはありえない。とはといえ、日本の現実を知れば知るほど、役立て方が見えなくなるのは事実なのだろう。

さいわい本田さんは、ニューヨークでの経験よりも前から、ボランティアを通じて日本の動物園のインサイダーであり、その後も様々な局面で日本の動物園とかかわってきた。[02] WCSと日本の動物園の違いを見据えた上で、日本の動物園の特徴や、めざすべき方向性を示唆してもらえないだろうかというのが、久々の対話の目論見だった。

エンリッチメント大賞の審査会で日本の動物園・水族館の最先端の取り組みについてこってり議論した後、ぼくと本田さんだけ、近くの貸し会議室に移動した。選考会での議論の熱をそのまま持ち込んだ形で、テーブルをはさんで差し向かいになった。

本田さんはまずこんなふうに切り出した。

「日本の動物園の場合、教育部門もろくになければデザイン部門など実質的にないわけですから、WCSとは根本的に違います。そのあたりを理解した上で、日本のいいところはどこにあるのか考えてみましょう。欧米のモデルをそのまま日本に持ち込むことは不可能である以上、はたしてどうすればいいのか。結論を出すのは難しいですが、道筋がつけられたらいいと思います」

己を知って、道を見出す。どの方向に日本の動物園にとって明るい未来が待っているのか、本田さんの見立てはいかに。

—02— **様々な局面で日本の動物園とかかわってきた** 横浜市金沢自然動物公園再生構想案策定、東京都立動物園再整備計画検討委員などに呼ばれたほか、イルカ問題がこじれた際にWAZAとJAZA両方から手伝いを頼まれ、以来WAZA総会にはJAZAの通訳として参加しています。(本)

「ただ、まず最初は、やはりWCSのことから始めさせてください。本を読んだだけではすごい印象ばかり残るかもしれませんが、WCSの状況は決してバラ色ではないということも知っていただく必要があると思うんです」

というわけで、本章の構成の柱は3つだ。まず、WCSの現在について本田さんの所見を聞く。その上で、本田さんから見た日本の現状をまとめ、日本の動物園が今後取りうる道について考察する。

腐っても鯛？

現在のWCSについて、本田さんはいきなり、衝撃的な言葉を使った。

「WCSの状態は、腐っても鯛だというふうに僕はよく言います。今でもすごいところはたくさんあるけれど、それは過去の遺産のおかげです」と。

これは具体的にどういうことだろう。

「ブロンクス動物園では、1999年に〝コンゴ・ゴリラの森〟がオープンしてからしばらくの間は新しい展示が次々とオープンしましたけれども、実は一番新しい展示は何だと思います？子ども動物園の改修を数えなければ、2008年の〝マダガスカル！〟なんです。つまり、停滞期に入ってもう10年以上たっちゃったかなぁという感じがします。景気が悪くなって、その後の〝ビジネスモデルをどうするか〟という部分で、革新的な案が出ていません。それでもすごい遺産を背負っている組織なので、〝腐っても鯛〟です」

言われてみれば、たしかにブロンクス動物園の展示の更新は最近では細々としたものばかりだ。

WCS傘下の動物園、水族館全体を見渡せば、2018年、ニューヨーク水族館で「海の驚異（オーシャンワンダーズ）サメ！」がオープンしたばかりだし、今後も数年にわたって新展示が続く予定だが、フラッグシップであるブロンクス動物園では10年以上、新基軸を打ち出せていない。

「ひとつの理由としては、何かやろうとしてもあまりにもお金がかかりすぎるということがあります。ニューヨークでは人件費をはじめありとあらゆることが高くつくので。〝オーシャンワンダーズ〟のデザインと建設には1億4600万ドル、150億円近くかかっています。ニューヨーク水族館では〝オーシャンワンダーズ〟の他にも新展示のデザインと施工が進んでいますが、こちらは2012年のハリケーン・サンディ[03]の直撃で破壊された部分を復興させるために連邦政府からの資金が出ていて、それがなければできなかったと思います。もちろん、新しいものを作らなければだめだというわけではないんですよ。でも、そのかわりに利用者の満足度を上げるとか、施設としてのミッションをより高いところに押し上げるとか、施設に投資しなくても人に投資するとか、そういったことをやっているかといえば、やっていません」

では、腐っても鯛の「鯛」の部分はどこに残っているのかというと、たとえば、本田さんのEGADだ。EGADは、今でも動物園界における孤高の存在だという。

「ひとつの動物園の中の部門に、展示開発の人間がいて、建築デザイナーがいて、ランドスケープデザイナーがいて、グラフィックデザイナーがいる。それからサイン工房があって、展示工房があって、それらが一緒になって大きな展示をいくつも作って、これを綿々と何十年も続けてノウハウを蓄えている。そんなところは世界中見渡しても他にありません。だから、展示のメッセージ性とか解説の部分ではまだまだどこにも負けないと思います」

03 ハリケーン・サンディ
2012年10月にジャマイカ、ハイチ、ドミニカ、プエルトリコ、キューバ、バハマ、そして北米東海岸に大きな被害を与えた。被害総額は700億ドル近くと言われる。ニューヨーク市では「100年洪水」の想定をはるかに超える洪水により住居や建物の破壊、停電、地下鉄路線内の共水などの甚大な被害を被り、証券取引所は2日間停止。市の経済損失はおよそ190億ドルと見積もられる。本しかし、今や、蓄積してきたノウハウという資産が、はたして維持できるかどうかもわからなくなってきた。切実な危機感を本田さんは抱いている。

「さっきの経営の問題と絡んできますけど、この10年ぐらい、余剰分の人を持たないで最低限でまわす状態が続いています。ということになると、アメリカは転職の国なので、人もどんどん入れ替わって、今ではずっとやっている中核の人間は僕を含めて数人だけになりました。恐ろしいことにグラフィックデザインに関しては、僕が一番の古株です。この中核の人たちが抜けちゃったらどうするんだろうというのは、やはり恐怖ですね」

動物園と自然保護は別物？

展示だけではなく、ＷＣＳの理念にも危うさがほの見える。

動物園と生息地の保全が両輪となった活動をする「動物園を超えた動物園」といえるのがＷＣＳの凄みだ。動物園が「動物たちとその生息地を守るためにある」のだとしたら、その考えを最大限に体現してきた。世界中の同業者にとっては、常に仰ぎ見るべき存在だった。

しかし、本田さんが中から見るかぎり、必ずしもうまくいっていない。

「ひとつ典型的な例を挙げると、マダガスカルです。マダガスカル動植物グループ（Madagascar Fauna and Flora Group: MFG）といって、マダガスカルの野生生物を守るために動物園が中心になって設立した国際的なコンソーシアムがあります。１９８７年に設立ミーティングが開かれたのは、当時、ＷＣＳが借りていたジョージア州沖のセント・キャサリンズという島でした。絶滅危惧種の繁殖、研究だけのために使っていたところなんですけど、そこで会議をしてみんなでマダガスカルの野生生物を護ろうと決めたんです。WCSは中心メンバーでした。でも、その後、何が起きたと思います？」

マダガスカルといえば、WCSにとってはゆかりの深いフィールドだ。2008年に完成した展示「マダガスカル！」の解説展示では、現地でのWCSの活躍が大きく取り扱われており、ぼくの目には「WCSのマダガスカルでの活動を紹介する展示」とすら感じられた。1987年にMFGを設立する際にWCSが旗振り役になったことは意外でもなんでもなかった。

しかし、「その後」に何が起きたというのだろう。

理解するには、WCSのマダガスカルでの活動には、ふたつの系統があったということを知っておかねばならない。

ひとつはWCSの域内保全（野生の生息地での保全）のチームのマダガスカル・プログラムで、もうひとつは動物園が直接かかわるMFGのような取り組みだ。外から見れば同じ組織がやっていることなのだから別に分けて考える必要も感じないが、中の人たちからしてみると「自然保護団体としての活動」と「動物園としての活動」は別物らしい。

「それぞれの部門ではお金の流れもビジネスモデルもまったく違うので、ほうっておいたら別々になってしまいます。ふたつを組織として融合したコンウェイが引退して、マダガスカルの展示を作そこには、〝もう動物園の上層部が〝なんでMFGに毎年毎年、お金を出さないといけないんだ〟と言い始めました。うちには、域内保全のマダガスカル・プログラムがあるんだから、動物園がわざわざMFGにかかわらなくてもいいだろう、と。MFGに出すお金って、年に5000ドルとか1万ドルとか、大した額じゃないんですよ。それなのに、結局、実質的に脱退しちゃったんですよね。だから今、MFGのどこを見てもWCSは出てきません。マダガスカルにかぎらず、以前は動物園や水族館が一緒になって域内保全をやるという時に、いろんな動物園のロゴの中心的な部分に必ずWCSのロゴがあったのが、今はどこを探してもWCSは出てこないんです」

実際にMFGのウェブサイトを確認してみると[04]、年間1万ドル以上を拠出している主導的な動物園・水族館の中で北米のものは、フロリダ州のネイプルズ動物園（現在の事務局がある）、ミズーリ州のセントルイス動物園、テネシー州のテネシー水族館の3つだけだった。これらに加えて、ドイツのケルン動物園、スイスのチューリッヒ動物園、オーストラリアのパース動物園、台湾の台北動物園の名も見られた。リストをずっと下の方まで見ていくと、2500ドル以上4999ドル以下のカテゴリーに、日本の上野動物園の名前もあった（上野動物園にはマダガスカル展示「アイアイのすむ森」があるので、それも関係しているのだろうと想像できる）。

その一方で、かつてリーダー格だったWCSの名前はない。このサイトの中で、WCSが言及されるのは「歴史」のページの冒頭部、設立の経緯の中でだけだ。動物園であり、自然保護団体でもある特別な成り立ちは、外から見ていると不可分かつシームレスで、ある意味「21世紀の動物園のファイナルアンサー」のように見えるかもしれない。でも、実際のところ、内側では常に緊張関係があって、きしみを立てているようだ。展示部門の本田さんの立場からは、動物園が直接かかわる保全活動はコンテンツとして紹介しやすく、訴求する効果も大きいと期待できるのに、保全専門の部門があるがゆえに動物園がかかわれないというのは損失だ。

「ですから、日本のみなさんに考えてほしいわけです。〝WCSだからすごいんだ〟〝日本はだめなんだ〟ということでは必ずしもないんです。域内保全にしても、ボルネオ保全トラスト・ジャパン[05]

[04] MFGのウェブサイト
http://www.madagascarfaunaflora.org/member-institutions.html

[05] ボルネオ保全トラスト・ジャパン
生物多様性の宝庫であるボルネオ島で、2008年より保全活動を行っている。動物園とのつながりが強く、現在の理事長は千葉市動物公園園長でもある石田戢。「吊り橋プロジェクト」では、周囲をアブラヤシプランテーションに囲まれた小さな森に閉じ込められているオランウータンが別の森と行き来できるように川に吊橋をかけた。その際、動物園でよく使われる消防ホースで橋を作るなど、動物園で培われた飼育技術が応用されている。（川）

ですとか、日本の動物園がかかわる形で進んでいるものがあります。日本の動物園や水族館もだんだんだんだんそういうことにかかわるようになっていますよね。本当に〝WCSすごい〟〝日本だめ〟と決めつけてほしくありません」

1年ごとに業者が変わる？

WCSだからすごい。WCSだからできる。

そういう気持ちになりがちなところに、ブレーキをかけてもらった。

日本のぼくたちは、WCSをただ仰ぎ見るのではなくて、何ができるのかを考えるべきだ。とすると、日本の現状はどうかということを考えないと、先に進めない。

本田さんが日本の動物園との交流を通じて知り得たことを素描してもらおう。まず本書の主な関心のひとつである「展示作り」に大きな違いがあるという

「日本の動物園、水族館は自治体が設置者の場合が多い[06]ので、一応それを前提にして話します。新しい展示を作る流れを考えると、こんなふうです。まず設置者である自治体が〝こういう施設が必要だ〟といったニーズを立ち上げて、コンセプトや方針レベルの基本計画をまとめます。それをもとにして、具体的・現実的な見積もりが取れる程度の大雑把な基本設計をしますと、これではお金がかかりすぎるとか、色々なことがわかります。そうしたことを勘案し、必要な修正と細部の詰めを行って、実際に建築に使える設計、実施設計に進み、これに基づいて施工に入る、という流れです」

ふだん行政のプロセスにかかわることがない人にとってはややこしい話だが、「基本設計」から

06 自治体が設置者の場合が多い
帝京科学大学講師の佐渡友陽一さんによれば、かつて動物園は入園料だけで採算が取れていたそうですが、時代は変わり平成に入る頃から遊園地などに併設されていた私立動物園の多くは相次いで閉園したり自治体に引き継がれたりしました。アメリカでは寄付を非課税にして非営利事業運営をNPO法人に任せる官民協働システムが確立されているので、動物園もミュージアムも純然たる公営は稀です。メトロポリタン美術館もアメリカ自然史博物館も独立したNPO法人。公益性の高い事業を活性化する官民協働の効果的なシステムが日本に必要だと僕は考えています（262ページ註08参照）。本

「実施設計」へと段階を踏んで進んでいくことなどは、時々メディアで目にする。これ自体は、日本の行政の仕組みとしては普通のことだ。動物園側もこのプロセスにはかかわるものの、本田さんの目にはうまく機能していないように映るという。

「展示を作ろうにも、動物園側に、知識・ノウハウ・見識があまりに少ないんです。だから、そこら辺は業者に頼らざるをえません。でも、落札した業者がそういう知識を持っているともかぎらないわけです。そして、海外の事例を紙の上で勉強することすらしない。ある自治体の動物園関係者にプレゼンテーションをした時、建設計画の担当者たちから、チンパンジー展示の参考になるようなところはありませんか、と質問を受けました。う〜んと考えて、アメリカの施設を2、3あげたら、アメリカですか、と情けない笑いが返って来ました。世界ではどうなっているかというような意識も予算もないのです。それで、国内の事例のモノマネがぐるぐる続いているのが実態です」

新たな大型展示を作る時に、日本の動物園では当該動物の野生の生息地の調査もしないというような話をよく聞く。生息地での動物の生活を知ることは飼育上、大きなメリットになるし、伝えるべきコンテンツを充実させるためにも役立つはずなのだが、それができるのはごくごく一部の動物園だけだ。しかし、ここで本田さんが指摘したのは、お手本になる展示の先行事例すら充分に調査できない現状だった。

「さらに問題なのは、今言ったプロセスが全部単年度予算で動いていることです。毎年、入札するので、最悪の場合は、1年ごとに実作業をする業者が変わりかねません。一方で、自治体の担当者も3年ごとぐらいにポジションをどんどん動いていくので、発注側の人間も変わっていくわけです。だから、伝言ゲームの複合体みたいになっていきます。途中で設計変更をしてもっと安くできるようにと求められることも多いですから、このやり方では単純にハードを作るだけでもうまくいく可能性は非常に薄くなります。ましてやそこで解説展示と展示体験と、すべてがひとつのものになって感じられるようなものを作ることは、システム上ほとんど不可能に近いですね」

予算面の不満については、ぼくも動物園関係者から何度も聞いたことがある。最初からぎりぎりなのに年度をまたぐごとに減額されていき、施工に入ってからもさらに削られる。それでも、最初の計画にある飼育種数を減らすことは許されず、気を抜いていると安全のための設備が施工業者の設計変更でなくなったりして、慌てることがある。たとえば、大型ネコ科の施設で飼育員が扉を操作するスペースは、飼育動物が入ってこられないように区切られているべきだが、そこが動物と共有できるように変えられてしまうなど。設計図レベルで気づいたからよかったものの、実際に作られてしまったら、後付けの安全対策を講じるために、削減できた予算よりも多くの費用がかかっただろう。などなど。

本書で見てきたWCSの展示作りでは、実際に工事が始まるはるか前から、ここでは何を素材にどんな内容のことをいかに伝えるのか徹底して議論されていた。動物たちを飼育して見せるというのは動物園の基本だが、それを媒体にして届けうるものは何かを常に問い、伝えるべき内容を絞り込み、手段も練りに練った上で細部に至るまでこだわって仕上げられていた。

一方、日本の自治体設置の動物園の場合、それがシステム上とても難しいことがわかった。新しい展示作りにかかわったことがある自治体職員に、たとえば「テーマはなんだったのですか?」と聞いても、ぽかんとされるだけだろう。展示の「シナリオ」を描く展示デベロッパーの役割を一貫して担う人はおらず、かりに漠然とした展示意図のようなものが最初のコンセプトでは掲げられたとしても、施工する頃には忘れ去られている。

つまり、日本の動物園には「コンテンツ」がない。動物園でこの動物種をこんなふうに飼っているのだからこそ伝えられる内容を、「動物がそこにいる」という事実以上の手段で伝えようとしない。

本書が描いたことで伝わるとうれしいのは、まさにその部分にこだわりをもち、仕事をしている人たちがニューヨークにおり、実際に成果を挙げているという事実だ。そこから何かを汲み取っていただければという思いで綴ってきた。

「一石を投じられればいいですよね」と本田さんは言うのだが、ぼくもまさに同じ思いである。

空の器

今のままだと、日本の動物園は「空《から》の器」ではないだろうか。そこに動物が入っており満たされたように見えつつも、実はさらに高い次元で包含されるべき内容が議論もされず、語られもしていないのではないか。

「そもそも設置者である自治体側にどんなコンテンツを作ろうかという発想がないですし、それがないと解説も作れません。じゃあ、誰がコンテンツを作るかというと、結局、飼育担当者がやったりしますよね。あれは、21世紀になって、全部デジタルになって、誰でもできるようになってからの産物です」

今ではかなりの動物園で、やる気のある飼育員が独自のコンテンツを手書きやら、あるいはパソコンでプリントアウトして、さらにラミネート加工などして掲示している。手作り感満載で、素晴らしい出来栄えのものもある。でも、サインを作るプロとして雇用されているわけではないから、個々人がたまたま持っている能力や、費やすことができる時間によっても、出来栄えは大きく左右される。そもそも、クオリティをコントロールできる人がいないことがあり、その場合は、見栄えではなく内容が本当に妥当かも心配だ。現状、学校の壁新聞レベルものを、飼育員の「独自調べ」で掲示していると言われても仕方がない。また、最初から掲示スペースを計算して作っているわけではないので、来園者の「背中側」に掲示されることが多いのは、構造上仕方がないとはいえ、悲しい現実だ。

「飼育員が書いたからといって悪いというわけじゃないんですよ。洗練されたデザインのパラドックスと僕は呼んでいますが、洗練すればするほど無視されがちだというジレンマがあります。手書きで多少汚かったとしても、その方が来園者の注意を引くかもしれません。一番の問題は、飼育員ごとに別々にやっていると、結局、来園者にとっては、ひとり一人の発表を見ているような形になってしまうことです。だとすると、全部見た後で印象がバラバラであんまり記憶に残らないかもしれないですよね」

というわけで、この点においては、本田さんから、対症療法的ではあるけれど、助言がある。

「せめて班内でテーマに統一性を持たせるなどの工夫をしてほしいと思います。できれば、スタイルも統一してくださいと言いたいんですが、日本の現状を鑑みると、スタイルまで統一しようとすると、むしろ、今言ったような良さが失われてしまうかもしれないので、あえて個性は保ったままでも仕方ないと思っています。その上で、できれば、〝誰々のサインはよく読まれていた〟とか〝誰々のサインの内容は利用者がよく覚えていた〟とか〝誰々のサインの前では会話が弾んでいた〟とか、結果評価をしてほしいんです。すると〝じゃあ、次はどうしようか〟ということにつながっていくと思います」

結果評価は、ぼくの見立てでは、かなりハードルが高いかもしれない。飼育員がコンテンツ作成にかかわるのは、ただでさえ余裕がない勤務状況の中で、かなり無理をして頑張っていることが多い。そこに「評価」という業務が加わるのは相当きついのではないだろうか。

ところが、最近、面白い事例に出会った。とある動物園で、飼育員による手書き解説について、来園者の人気投票を行ったのである。それは来園者による「結果評価」と、話題性のある「イベント」を兼ねた方法だ。なかなかうまいことを考えたと感心する。つまり、やりようはある。

その一方で、来園者がランキングをするという前提には、「飼育員によるコンテンツ作り」がもう「当たり前」のように捉えられているのだということがあるとも言え、このままでいいのかという気もする。最近、プロのデザインスキルを持った人材を雇用し、掲示物のトーンを統一している日本の動物園もすこしは出てきており、長期的にはそちらの方が望ましいだろう。

最低ラインの充足

ここまでの議論で、日本の動物園が内包している構造的な問題がかなり見えてきたと思う。設置者である自治体は、最低限のサービスとして動物園を提供しようとする。動物がいて、ものによっては生息環境に近く見えるような放飼場、あるいは野生に近い行動を引き出せる放飼場を準備するので、後は見て楽しんでください、と。

一方で、今の動物園は、それだけで済むものではない。

絶滅危惧種を飼育していれば、まずは日本国内の他の動物園とあわせて「ひとつの群れ」と見立てた飼育繁殖計画に組み込まれることになるし、場合によっては世界規模のネットワークの中でやりとりをしなければならない。動物種ごとに、あるいは、分類群ごとに、血統登録を管理し、

欧米ではゾウの飼育展示は日本とは異次元に達していると言っても過言ではない。
| 左 | ドイツ、ケルン動物園。こんな放飼場が複数あるだけでなく、屋内もこの写真に引けを取らない広さ
| 右上 | スイス、チューリッヒ動物園のアジアゾウの展示施設。屋外はいくつもの放飼場が重なり合いながら屋内施設を取り囲む
| 右中 | チューリッヒの屋内の様子。タイ料理のカフェもある
| 右下 | ワシントンDCの国立動物園は、ゾウ2種、キリン、サイ、カバなどを飼育展示していた施設すべてをアジアゾウだけの施設にしただけでなく、さらに周囲のエリアも取り込んだ。この写真は屋外放飼場のひとつにすぎない

飼育下繁殖の方針を決めて調整する立場のリーダーが必要で、それらも、どこかの動物園の誰かが引き受ける。

動物園は教育の場というのはもう何十年も前から言われ続けており、日本動物園水族館協会は動物園の使命のひとつとして「環境教育」を挙げる。けれど、教育部門をしっかり設けている動物園はごく少数で、多くの場合、飼育員がその役割を担う。そればかりか、サインやコンテンツを飼育員が担当することが多いのも、すでに見た通りだ。

つまり、自治体が想定する動物園の仕事からこぼれ落ちた部分は、必ずしも専門家ではない飼育員や獣医などがなんとか分担してきた。特に小さい動物園では一部の職員が大車輪の活躍を見せていることがある。

もちろん、飼育のために雇用されている人が、別ジャンルで100%の仕事をできるはずもなく、ゆえに日本の動物園は、いずれの分野でも水準を満たすのが難しい。

本田さんの総括はこんなふうだ。

「結局、行政の考え方の問題です。市民のニーズをなるべく安価に満たすこと、つまり〝最低ラインの充足〟が、今の日本の行政の常識になっているので。この考え方はある面では正しいですが、市民が明確に意識できていない、あるいは知識を持っていない部分に対してどう対処するのかという時には困ります。たとえば防災のこととか、医療のこととか、教育のこととか考えると、単純に市民の言っていることだけ拾って実行しているだけでは絶対にだめですよね。動物園についても、市民のニーズだけではない部分をどうやっていくべきなのかビジョンを持っていないといけないと僕は思うんですけども」

やりがい搾取で成り立っている

行政が考える「動物園はこんなもの」という行政サービスとしての動物園と、20世紀後半に勃興し、今や世界的共同体に発展した自然保護の場、環境教育の場としての動物園のギャップを、現場が埋め続けているとさきほど触れた。

そこで、ぼくが知りうる範囲内での、日本の飼育員について書いておく。

ぼくは、1999年に『動物園にできること』を上梓して以来、動物園に勤務する知り合いが増えた。今や、ソーシャルネットワークの時代なので、彼ら、彼女らのふだんの生活も手に取るように見えている。

その仕事のハードさは、ブラック企業並みという印象を受ける。好きで動物の仕事をしている人たちだから悲壮感はないのだが、それでもこんなに打ち込んで自分の時間はあるのだろうかといぶかしむような人はひとりやふたりではない（ぼくが個人的に把握しているだけでも10人以上いる）。

野生動物の飼育はどんな動物でも確立しているとは言い難い[07]ので、日々の改善が欠かせない。餌やりや掃除などのルーティンワークをこなしつつ、新たな栄養学的な知見を飼育に取り入れるための検討をしたり、動物の飼育管理に有効なハズバンダリートレーニングのために一対一で向き合ったり、単調な飼育スペースに環境エンリッチメントのための工夫をほどこしたり、飼育員の仕事はこれだけでも多くの時間と労力と創造性を要求されるものだ。

その上で、北米では博士号を持った人が担当するような絶滅危惧種の飼育下繁殖の調整の仕事や、プロのデザイナーや展示デベロッパーが担うようなコンテンツ作りや、同じく専門教育を受

—07— **野生動物の飼育はどんな動物でも確立しているとは言い難い**
野生動物の飼育管理に直接かかわっていない人は、行政の担当者でも、家畜の世話と変わらないくらいのことを漠然と考えている場合が多いと思いますが、主な家畜は生物学的には十指にも満たない種を扱っているのに対し、動物園では100を超える種を扱っています。生理学的な基礎データがない（平常値がわからない）ものも稀ではありません。本

けた人が担うべき教育プログラムの開発まで大車輪の活躍をこなしたり、対外的な講演会や出張授業などで動物園の社会的役割などについて訴えかけたり、メディア対応したりしなければならないわけで（全部は無理にしても）、まさにスーパー飼育員とでもいうべき人たちがたくさんいるのである。さらには自己啓発のための研究会などに出席するには、たいてい休日を使って自費で参加する。スーパーな努力を余儀なくされていると言ってもよく、しばしば危なっかしい。それでも、常に学びつつ、実践し、また学ぶ、というような飼育員たちの姿がぼくには見えている。「いやあ、待遇悪いですよ！」と文句を言いながらも「でも、好きなことはなんとかできているんで」と仕事にはやりがいは見出しているというのが彼ら彼女らの特徴だ。

自治体側からすると、飼育員は「動物のお世話をする作業員」というくらいの位置づけになってしまうので、こういった「専門家以上」の働きを求められる仕事でも、「指示を受けて行う（自分では判断を行う必要がない）実作業の担当者」という水準での給与体系になりがちだ。最近では、動物園の運営を民間に委託する仕組みが一般化しており[08]、その際「効率的な運営」のために最初に削られるのは人件費だ。正規雇用ではなく、単年契約を毎年更新する形で飼育に携わっている人たちも多い。しかし、待遇のいかんにかかわらず、動物園の仕事は「動物のお世話をする作業員」の範疇をはるかに超えている。やる気のある人には、様々な方面で挑戦に値する仕事があり、それらに打ち込めば「やりがい」という報酬が得られる。「日本の動物園はやりがい搾取で成り立っている」と揶揄する人もいるくらいだ。

だから、やりがいを求める人にとってはどこまでも深い探究の場でもある。たとえば、園内のサインに統一性を持たせるために、飼育員が勝手にサインや掲示物を作るのを禁じている動物園で

―08― **動物園の運営を民間に委託する仕組みが一般化しており**
指定管理者制度がそれ。委託する側の見識にもよりますが、行政が運営権の核心を手放さず日常業務だけを外部に丸委託するためのシステムで、動物園やミュージアムのような施設の運営に適用するには無理があります。地方独立行政法人の制度にも意思決定権などに問題があると聞いています。どちらにも共通する大きな問題は「歳入（＝税収）と歳出は別」という考え方で、事業を活性化して事業収入を増やし、それを事業に還流するということができません。園内のショップやカフェは別の業者に委託しなければならないのでは、ブランド戦略も何もないのです。本

は、「他の園の仲間がやっているように自分で掲示物を作りたい」と飼育員がフラストレーションを募らせることがある。北米の動物園の飼育員は、単純な作業員であることが多く、その分、定時出勤、定時退勤が普通だと言われても、それをうらやましがる日本の飼育員を見たことがない。

このような二面性を持つことで、日本の動物園はかろうじて維持されてきたようにぼくには見えている。

パソコンとネットワークと飼育業務

こういったことに付随して、本田さんとの間でよく話題になるのは、「パソコン問題」「日誌問題」だ。飼育業務が軽視されている現状から発して、もっと大きな不利益にもつながっているので、紙幅を少し割いておく。

「人口2百万を超えるような大都市の市立動物園でも、いまだに飼育担当者が〝現業職〟というところがあります。〝現業職〟とはつまり、清掃とかそういう単純作業だけを扱う職種ということです。だから、今の時代にひとり一人がパソコンを与えられていないんです。考えられますか？　調べものやメールのやりとりすら不自由ですよね」

飼育員には、パソコン環境が与えられない。大きな動物園でも、そんなところが今もある。集団遺伝学の知識に基づいて共同繁殖する一大プロジェクトの一員として、他園と連携し、情報交換しつつ飼育することが要求されているのに、設置者にはそういった高度なことを丸投げしている自覚がない。そこで飼育員は私物のＰＣを持ち込んで仕事したり、それがセキュリティ上問題があるとなると、飼育の現場から離れた事務棟に赴いて1台、2台しかないパソコンに群がることになる。

そこで、「じゃあ、飼育日誌などはどうするのか」という疑問が生じる。

まさか……と思った方の想像はまさに正しい。

今も「紙」のところが結構ある。全国調査があるわけではないから定量的には示せないが、２０１９年の時点において、完全に電子化して共有している園の方がむしろ話題になるくらいだ。

「日常的な飼育管理上のデータや観察された事柄は、それ自体重要な知見ですし、将来問題が発生した時に原因究明のための重要な手がかりとなり得ます。でも、飼育日誌が手書きでは何年もさかのぼって手がかりを探すのは至難の技です。個々の飼育員の記憶は頼りないですし、休みの関係で別の人が担当する日もあります。また、行政の人事労務の慣行で3年ごとくらいに担当動物が変わるのが普通ですから、結局、データで検索できなければ役に立ちません。欧米でも飼育担当者ひとり一人が必ずパソコンを支給されているというわけではないのですが、最低限、詰所などの現場になければ仕事になりません」

実はこういったことは、さらなる問題につながっている。飼育の軽視と電算化の遅れが相まって、日本の動物園は世界的な飼育管理のネットワークを共有できず、まさに「ガラパゴス化」してしまっている。

「アメリカで種の保存のための繁殖計画ＳＳＰ立ち上がった時に、動物の血統管理ツールとして開発されたＺＩＭＳ(Zoological Information Management Software)というものがあります。もともとは、個体登録のデータベースを作り、血縁関係などを分析して遺伝的多様性を維持しつつ繁殖群を管理するためのものでした。今では施設情報も含む飼育管理データのモジュール、医療管理のモ

―09― 利用料
ＺＩＭＳの利用料は施設規模によって５００ドルから３５０００ドルと、随分幅があります。運営団体のSpecies360はアメリカのＮＰＯで、利用者が入力するデータそのものが全会員にとって潜在的な価値を持つことから、値段交渉などには前向きに応じてくれます。(本)

ジュール、水族館用のモジュールなどができていて、これらを使うことで世界中の利用者が入力するデータを共有できるだけでなく、自分が入力するデータもまた世界で共有され、日々更新されていくことになるんです。僕はあれこれ首を突っ込んでいるうちに、動物園に勤める前から日本での説明や日本語化のお手伝いもしてきました。でも、日本での利用は進んでいません。現時点で、日本で使っているのは動物園、水族館あわせて13施設のみ。一方、AZAはメンバーの9割近くが使っており、ヨーロッパのEAZAも血統登録はZIMSのモジュールの使用を義務付けました」[09]

このZIMSを使うためには、運営団体であるSpecies360というNPOに入会して利用料を払わなければならない。これが高額で個々の動物園が入会できないという話をよく聞く。しかし、当のNPOと普段からやり取りをしている本田さんが知る限り、血統登録モジュールだけなら年間1000ドル、つまり10万円ちょっとで済むそうだ。これを出せない動物園というのは、単にそういったデータベースに参加することに価値を見出していないということだ。それは、21世紀の動物園にとって自己否定に等しい。さらに「導入しても使いこなせる人が……」という話もきくけれど、それはさらなる飼育の軽視と専門性の否定だ。[10]

ユーフォリア？

話をもとに戻そう。

否定的なことに記述に傾いてしまったが、そこをリセットして俯瞰して見たならば、日本の動物園の特徴というべきことは他にもあるだろうか。

10 専門性の否定
悲しいのは、飼育動物を計画的に繁殖させながら維持していくための体制づくりにすら消極的で、年間10万円ばかりの投資もできない、という行政の姿勢です。最近、飼育動物の高齢化とか、動物の値段が高くなって自治体が買えないといった報道がありますが、事業の環境変化に無頓着でいたことのツケがまわってきただけです。実は動物を帳簿上「備品」として扱っている自治体も少なくありません。死んだら買えばいいという姿勢はもはや通用しないのにきちんと繁殖群を管理するための体制をいつまでも作らないのは、税金の無駄遣いを続けるのと同じです。いつまでたってもマスコミがこういうことを取り上げないのも不思議ですね。本

「そうですね、動物園と利用者との関係性が緩いというか……欧米のように市民と敵対的になることがほとんどないですよね。〝動物園、水族館はいいところ〟という意識がずっとあるので、何かするにしてもすごくやりやすいんじゃないかなと僕は思うんですよね。この悪い面としては、動物園に対して〝こうしろ、ああしろ〟という選択圧がかからないので、それがために何十年たっても全然変わらないというのはあるんですけれど」

北米では、動物園はしばしば批判の対象になる。動物福祉上の問題にはとてもシビアな視線が注がれるし、そもそも、アニマルライツの人たちは動物園の存在を認めていない。そんな状況で、動物園は批判に先まわりするかのように進化を遂げてきた。しかし、日本では緩い。緩いがゆえに、欧米とは別の展開をとげている部分があるかもしれない。

数年前、本田さんが日本でよく講演するようになった頃にふともらした発言をぼくはよく覚えている。

「動物園ファンと、動物園の職員がこうやって普通に対話する環境は、一時の蜜月(ユーフォリア)なのでしょうか、それとも、日本の文化だと言えるんでしょうか」

そう言いつつ、本田さん自身戸惑っているようだった。

今回、本田さんに聞いたところ、本人はこの発言を忘れていた。

「ああ、そんなこと言いましたかね。たしかに言ったかもしれません。やる気がある飼育員が、組織の中で、色々なことをやって知られるようになって、それが、スターとまで言えないかもしれないけど、メディアに紹介されたり、外で講演したりして、個人名で不特定多数の人に知られるようになる、というのがたくさんありますよね。これ、北米ではないんです。あるとすれば、テレビのレイトナイトショーで動物を出してきて何かをするとかという時に飼育員も付き添って一緒に出てくるくらいです」

北米の動物園でも、園内でキーパーズトークのようなことはやっている。でもそれはその場かぎりで、外に出て講演したり、直接、市民と交流するようなことはまずないのだそうだ。

本田さんがこのような疑問を持ってから数年たつわけだが、その後もこの状況は変わらない。むしろ、そのように、外に出て市民と交流する飼育員は増えているかもしれない。

「結局、一時のユーフォリアではなかった、ということだと思います」と本田さんは今感じている。

諸刃の剣

このような状況を踏まえて、日本の動物園にはどのような将来への道筋があるだろうか。満たすべきなのに満たせていない国際水準に到達、さらには、日本の動物園だからこそできる社会貢献か野生への貢献をなし遂げる方法はないだろうか。

設置者がなんらかの理由でいきなり覚醒し、動物園への要求水準を引き上げて、それに見合った予算措置を行えば、あらかたのことが解決するかもしれないが、それはまず期待できないので、ゆっくりとでもそこに至る道筋はあるのだろうか。

「これは、〝諸刃の剣〟かもしれないですが、やる気のある飼育員が潰れないように、組織内でも周囲でもうまく育てていければいいのかなとまず思います。飼育は動物相手の話ですけど、僕たちが今まで話してきた大半は人間相手の話で、人間が何を求めるかによって、動物園は良くも悪くもなるわけです。そして、日本の場合は、何を求めるかといった時に、潜在的にはあるはずの要求が、顕在化していないと思うんです」

個々人の力に頼る、というふうにも響く。心もとないように思う。しかし、ぼくには大いに納得する部分がある。

潜在的にあるはずのニーズが表に出てくることによって、一気に広がりうる。そして、そういったニーズの顕在化は、現場で起こる。具体的には、いち早く気づいた個人やチームが、自分の持ち場で成功させて、周囲が「なるほど、それは必要だ」と気づく、といったものだ。

飼育員の専門分野である飼育そのものにおいて、そういったことが起きている。

たとえば、「環境エンリッチメント」は20世紀には日本では見向きもされなかった。それが世紀の変わり目から21世紀にかけて、次々と登場した熱心な飼育員が実績をあげ、メディアで取り上げられることによって、認知度が上がった。さらにめぐりめぐって、今では環境エンリッチメントは「園をあげて行う」ものになっている。

今度、地元の動物園に行った時には、ぜひ探してみてほしい。ケージ方式の狭い空間にいる霊長類などのためには、垂直方向の移動ができるように消防ホースなどが張りめぐらされているかもしれない。床がコンクリートの展示では、ウッドチップなどを敷き詰めてあるかもしれない。動物種ごとに適した様々な手作りフィーダー(給餌器)を設置してあるかもしれない。そういったこと[11]は、かつて先輩飼育員や獣医に「無意味だ」「そこまでやる必要はない」「衛生面はどうか」「リスクマネジメントはどうか」などと批判されつつも結果を残した当時の若手たちの努力から始まっている。

飼育管理の一手法としてのハズバンダリートレーニングも、意欲ある飼育員が実績をあげたこ

―11― そういったこと　市民ZOOネットワークのエンリッチメント大賞を受賞した取り組みの説明（http://www.zoo-net.org/enrichment/award.html）や、"SHAPE-Japan"のエンリッチメント事例紹介のページ（http://www.enrichment-jp.org/category/enrichment-introduction/）などで、環境エンリッチメントの具体例を知ることができる。地元の動物園にでかけた時、放飼場の中で、こういった要素を探してみると楽しい。川

とから、全国に広がりつつある。教育普及についても、今、各地で熱心に取り組んでいる職員たちがおり、これからもっと注目されるだろう。本田さんやぼくが知る事例は、ここで書く紙幅はないけれど、すでにかなりある。

そして、こういった取り組みは、動物園への理解を深めたサポーター的な市民を新たに生んでいる。動物園に関心のある学生たちがネットワークを作って活動し、社会人になってもその関心を持続しているようなケースもよく見かけるようになった。

出る杭はさらに伸ばせ

「誰かが壁を破ってこんなことができるんだと示してやれば、まずは熱心な市民が気づきますし、自治体に要望を出していくこともできます。だから、そういう意味で、やっぱり希望は、現場の若い人たちです。若者たちが新しい知見をどんどん取り入れるのを上の世代や管理職がサポートできる体制を作るべきです。さらにそれを、ソーシャルネットワークなどでつながっている、あるいはリアルな人間関係でつながっている外の人たちがサポートしていければよいです。そういうことを通じて、社会的認知度が上がって浸透していくんじゃないでしょうか。いや、極端に言うとそれしかないのかなって。役所を変えるために一番簡単なのは市民の意見を変えることですから。若手職員とそれをとりまく動物園ファンが一緒になって世論を引っ張っていくみたいな感じですかね」

今後、スーパー飼育員だけでなく、スーパーエデュケーター（教育担当）、スーパーコンテンツメイカー（解説展示担当）などが現場から勢いよく飛び出してきた時、「出る杭はさらに伸ばせ」と

東京都立動物園には異能のデザイナーが数名いて、素晴らしい仕事をしている。ただ、これを組織のノウハウとして根付かせようと言う姿勢が見られないので、このままでは徒花に終わってしまうのが危惧される。写真はいずれも井の頭自然文化園の特設展「御殿山鹿倶楽部展」（2013年）の一部

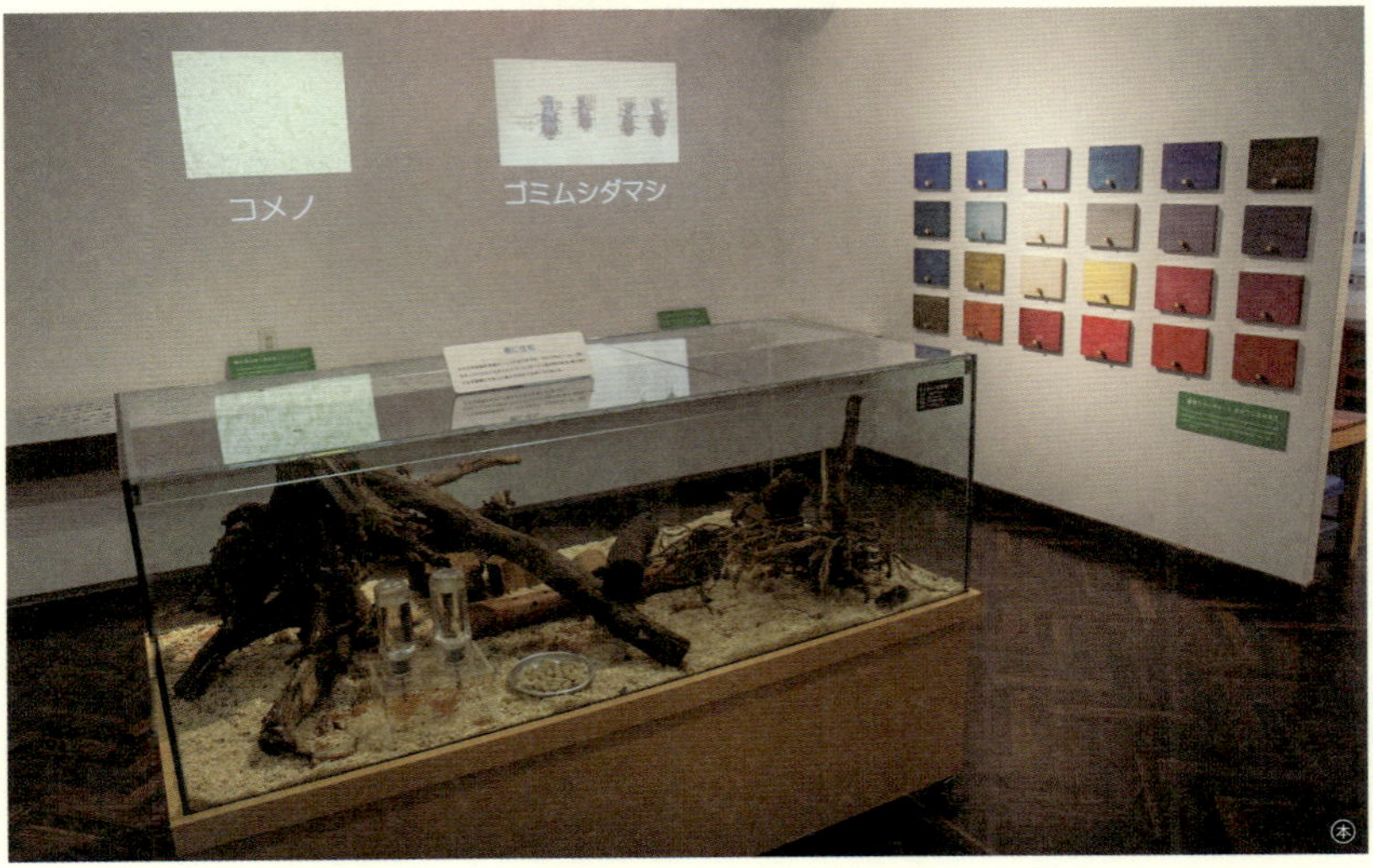

｜上右｜御殿山鹿倶楽部展（2013年）の一部
｜上左｜どうぶつのなまえ博覧会（2014年）の入り口。造形的にもおしゃれで気が利いている
｜中右｜同上。下の写真の右に写っている色のパネルを開けると、その色が名前についた動物が
｜中左｜御殿山鹿倶楽部展。デザインも素敵だが、事前評価をそのまま解説に利用した手法が素晴らしい
｜ 下 ｜どうぶつのなまえ博覧会のごく一部。生き物、インタラクティヴ、マルチメディアを上手に取り込んでいる

いうような対応を動物園の管理職や上の世代が取ることができるか。さらに、動物園に関心のある市民が、健全な批評精神とともに応援できるかどうか。そういったことが鍵になる。

実際、本田さんの考えがリアルに実を結んでいくプロセスが現実に起きている場がすでにあるかもしれない。

動物園は定期的に「再整備」を繰り返さなければならない施設だ。その際に、基本計画の策定の前から市民ミーティングを開いて意見を取り入れるケースが増えている。

これがあくまで形式的なものにとどまるか、実効あるものになるかは、自治体の職員の心づもりだけでなく、地元の市民がどれだけ動物園について現代的な問題意識をもって参加するかということもかかわっている。市民のレベルがそのまま動物園の次期ビジョンに大きな影響を与えうる。たとえば今なら「新しくゾウを入れたい」という声（市民の要望だと主張する政治家がゾウを欲しがることが多いような気がするのは気のせいだろうか）を受けて突っ走る動物園よりも、地道なコレクションで焦点を絞りここでは何を訴えたいのかひとつ一つの展示の意味を吟味して作り上げる動物園の方が、よりよいビジョンを地元に提供し、ヒトと動物をめぐる良好な未来を創ることに貢献できるだろう。

つまり、本書を手に取るような、意欲ある動物園職員や、動物園に関心のある市民が、一緒に育たなければならないということだ。それが本田さんの今のところの結論であり、ぼくも大いに共感している。

あとがきにかえて

本田公夫

「コロンビア大学のジャーナリズムのプログラムに入って動物園のことを取材する日本人がいるので、そちらに連絡が行くかもしれない」川田健さんからそんな話が来たのはシンシナティに引っ越す前だったと思います。その後何も連絡がなく月日が経つうちに「動物園にできること」刊行の情報が流れてきました。その本を手にしてまず感服したのは、頭脳明晰な人がレポートするとこんなにも要領よくまとまるものなんだな、ということでした。類書で良いものはアメリカにもありましたが、アメリカの動物園の最新事情を教育分野なども広く含めて簡潔に切り取って見せたものは川端さんの本が初めてでした。

同時に、なんてひでぇ本なんだ、とも思いました。なぜなら日本の動物園との比較分析や歴史的背景の説明がないので、事情を知らない人が読んだら「日本もまあ似たようなものなのだろう」と受け取るに違いないと考えたからです。何よりタイトルが皮肉です。本の内容は「(日本の)動物園にできないこと」なのですから！　狭い「動物園界」のこと、ほどなく川端さんと連絡を取る機会が訪れ、その後文句を言い続けた結果、文庫化に際してその後の推移のアップデートの一章を加える中で、日本の状況に触れていただくことができました。

それでも問題の核心にはまだ届いていないという感が強く、それならやはり自分で書くしかないと思いはしたものの、目先のことに追われて無為に年月が過ぎるばかり。そうこうするうちに川端さんから、川端さんの他の本と同様のフォーマットで僕にインタビューしたものを共著で本にしたい、という思いがけない提案がありました。半信半疑でいたところ、出版社も何も決まっていないのに、「今度ニューヨークに行きます」との連絡があり、おどろきました。

ここまで皆さんと見て来たように、伝えることをデザインするのが僕の仕事です。ＥＧＡＤの中では編集者的役割が強く、内容や言葉の上でもデザインの上でもいかに焦点を絞り効果的なストーリーに仕立て上げるかということに目を光らせているのですが、いざ自分のこととなると、ビヴァリィ・セレルが言うように自制心が保てず、あれもこれもと言うことになってしまいます。その点で、日常の仕事と立場を変えて、川端さんというインタープリターを得たことは大変幸運でした。僕だけでは考えつかない視点や背景なども踏まえつつ、素晴らしい解説をしていただきました。本としてまとめる最終段階で、川端さんと亜紀書房の田中祥子さんとの意見や材料をやり取りした結果、内容がグッと厚みを増したと思います。おふたりには心から感謝します。ありがとうございました。

文中には立派なことが色々書いてありますが、理想とのギャップに悶々としつつ仕事をするのもまた毎日の現実です。それで、本書のタイトルを検討している時に、少し誇大妄想の気味があるのではないかという心配を漏らしたところ、「未来を変える意気込みをもって頑張っている組織や個人についての本なのですから、誇大、なんて仰らないでください」と、川端さんから叱咤されてしまいました。そのメールは「日本の動物園の人たちも、未来を変える意気込みをもっていただきたいなあ、と願います」と続きました。これはそのまま僕の願いでもあります。

僕も動物が好きなので動物園の仕事をしているのですが、いまの仕事を続けるうちに、次第に人間の意識、心理、価値や知識というもの、そして行動のことを考えるようになりました。考えてみれば、野生生物保全・自然環境保全の大半は、人間が与えたダメージをどうやって修復するかということです。動物福祉も人間がどのように動物を扱うべきか、ということです。もしあしたの朝地球上から人間が消えていたら、野生生物保全の問題も動物福祉の問題も同時に消えているのです。そういう意味で、動物園は何百という数の動物種を扱っているのに、世界のどこへ行っても一番大切な種《しゅ》のことだけは見過ごして来たと考えるようになりました。その一番大切な種というのは、もちろん私たち、人間です。

　落ち着いて考えればすぐにわかりますが、ヒトと野生生物が共存できる世界、持続可能な世界の実現には、ちょっとした社会革命が必要です。いまの社会の原則、特に経済原則をいじらない限り、世界の流れを変えることはできません。これは社会の根幹を揺るがしかねない、少しばかり空恐ろしい議論になるので、誰も怖がって言い出さないのです。ＷＣＳが自然保護の機関であると標榜し、実際に活動している内容を少しだけご紹介しましたが、野生生物と生息環境を守るだけでは対症療法に終始するばかりです。本気で野生生物と共存できる社会を目指すなら、問題の本質、ヒトという生き物に向き合う必要があると僕は考えています。そして、動物園という施設はその機能の一端を果たすポテンシャルを持っているとも考えています。

　アメリカの美術館や博物館は「社会正義」とか「弱者や老齢者とそのケアをする人たちへのサポート」というような課題に真正面から取り組んでいます。であれば、動物園も同様に市民へ手を差し伸べることによって、野生生物や自然環境の保護にとどまらず、毎日の生活を豊かにし、社会経済問題の改善に貢献できることがたくさんあるはずです。でも、十年一日のごとく、ただ漫然と動物を飼い殺しにしているだけ、ただ動物を見せればいいというだけの動物園では、こうしたポテンシャルが日の目を見ることはなく、社会にとっての存在意義は薄れるばかりです。言い換えれば、そのすべての投資機会を無視するという形で堂々と税金が無駄遣いされているのです。そして、飼われている動物たちと彼らの野生の仲間たちに申し訳が立ちません。そんな動物園には未来があるはずがありません。

コンウェイが展示部門を作って半世紀、いま自分がその伝統をなんとか守ろうとしている立場にいることが少し信じられないと同時に、僕自身にとっては日暮れて道遠しという感は強まるばかりです。動物園やミュージアムの可能性、それを日本でどう実現するか、この本をきっかけに皆さんがそんなことを少しでも考え続けていただければと願いつつ、ひとまず今回のツアーを終えたいと思います。

今の僕は直接間接に触れた人たちとの関係の産物です。そういう意味でいちいちお名前をあげることはできませんが、すべての皆さんに感謝すると同時に、あちこちで重ねてきた不義理、恩知らずをお詫びします。（公財）東京動物園協会と東京都立動物園・水族園、東京動物園ボランティアーズの中には、子どもの時から現在にいたるまで、本当にお世話になって来た方が大勢いらっしゃいます。鬼籍に入られた方も少なくありませんが、その中でも、西山登志雄さん、小森厚さん、そして正田陽一先生にはとくにひとかたならぬご厚意をいただきましたので、ここに記して改めて御礼を申し上げます。正田先生にこの本を見ていただけなかったのは残念です。

ひとりで考えているだけでは、新しい知識を吸収し色々な考えを検証するのに限界があります。

今まで知り合って来た動物園・水族館・ミュージアムの関係者、そうした施設や事業のファンの皆さんは、情報・意見の交換を通じて、成長の機会を与えてくれました。そして何より仕事の仲間です。毎日の仕事の中で新しい知識や視点を提供してくれ、意見をぶつけ合うことができる仲間がいるということは本当に幸せなことです。文中の意見や見解は僕個人のものでWCSやEGADの見解ではありませんが、自分ひとりで考えたものでもないのは当然です。そして本書で紹介した仕事は数多くの人たちの努力の結晶で、僕はその大勢の中のひとりにすぎません。コンウェイやシャラー以下、WCSとEGADの先輩・上司・仲間に心から感謝と敬意を表します。また、アフガニスタンやコンゴなど内戦とテロの渦中の地域で、戦闘員同様の護身の備えをしながら命がけで活動する仲間もいるということを申し添えておきます。国際犯罪組織が暗躍しているのは文中で触れた通りで、レンジャーが殺された、と言う報道の頻度が増えているように感じます。

最後に、家族に。両親は本を買うと言えば黙って小遣いを出してくれ、動物園三昧を許してくれました。父にこの本を見てもらい感想を聞くことが叶わないのが残念です。娘の圭は、問答無用で動物園・水族館・ミュージアムに連れて行かれて育ちましたが、それが嫌いにならなくてよかった。家内の暁子は物心ともに支えとなってくれました。みんなどうもありがとう。

2019年1月　コネチカット州スタンフォードにて

謝辞

本書は、本田公夫さんとの出会いから始まり、ブロンクス動物園を久々に再訪、再再訪する中で生まれたものです。『動物園にできること』を書いた時にはすれ違ってしまった本田さんと、今、意見を交わし、こうやってひとつの形にまとめることができたのは大きな喜びです。

執筆にあたっては、個人媒体（メルマガ）の「川端裕人の『秘密基地からハッシン！』」で、2018年2月から12月にかけて連載したものを改稿しました。メルマガのクルー（読者）の多くの方から励ましの言葉をいただき感謝にたえません。必ずしも一般受けしない分野であっても、関心を共有してくださる方々の存在は大きなことです。

石田郁貴、岡元友実子、さかいともこ、田口勇輝、萩原慎太郎、伴和幸、横山卓志の各氏には草稿を読んでいただきコメントをいただきました。感謝いたします。

市民ZOOネットワークの皆さんには、2002年以来、毎年動物園について考える機会を与えていただいています。別のテーマを追いかけている時でも、動物園界隈の最新トピックに立ち戻ることになり、そういった継続と蓄積が本書の中でも活かせたのではないかと感じています。

なお、本田さんと園内を一緒に歩いたのは1日だけではないのですが、ぎゅっと1日の体験に凝縮してお届けしたことを申し添えておきます。本書で話題にした展示を1日で見て歩くには、文字通り走らなければなりません。これからブロンクス動物園を訪ねる方はお気をつけください。

2019年1月　東京にて　川端裕人

初出

小説家・川端裕人のメールマガジン
『秘密基地からハッシン！』(http://yakan-hiko.com/kawabata.html)
２０１８年２月２日～２０１８年12月21日配信分

動物園《どうぶつえん》から未来《みらい》を変える

ニューヨーク・ブロンクス動物園《どうぶつえん》の展示《てんじ》デザイン

2019年3月5日　第1版第1刷発行
2021年5月25日　　第3刷発行

著者　川端裕人《かわばたひろと》
本田公夫《ほんだきみお》

カバー写真・表紙イラスト　本田公夫

デザイン　五十嵐哲夫

発行所　株式会社亜紀書房
〒101－0051
東京都千代田区神田神保町1－32
電話　03－5280－0261（代表）
03－5280－0269（編集）
http://www.akishobo.com/
振替　00100－9－144037

印刷　株式会社トライ

Printed in Japan ISBN978-4-7505-1567-0 C0045